MIKROELEKTRONIK

Herausgegeben von

Walter Engl
Hans Friedrich
Hans Weinerth

Dietrich Bräunig

Wirkung hochenergetischer Strahlung auf Halbleiterbauelemente

Mit 164 Abbildungen

Springer-Verlag Berlin Heidelberg NewYork
London Paris Tokyo Hong Kong 1989

Priv. Doz. Dr.-Ing. Dietrich BRÄUNIG
Hahn-Meitner-Institut Berlin GmbH
Glienicker Straße 100
1000 Berlin 39

Herausgeber der Reihe:

Prof. Dr. rer. nat. Walter L. ENGL
Institut für Theoretische Elektrotechnik
RWTH Aachen
Kopernikusstraße 16
D-5100 Aachen

Dr.-Ing. Hans FRIEDRICH
Siemens AG, UP MEGAL
Otto-Hahn-Ring 6
D-8000 München 83

Dr.-Ing. Hans WEINERTH
Valvo Unternehmensbereich Bauelemente
der Philips GmbH
Burchardstraße 19
D-2000 Hamburg 1

ISBN 978-3-540-50891-5 ISBN 978-3-642-51109-7 (eBook)
DOI 10.1007/978-3-642-51109-7

CIP-Titelaufnahme der Deutschen Bibliothek
Bräunig, Dieter:
Wirkung hochenergetischer Strahlung auf Halbleiterbauelemente / Dieter Bräunig.
Berlin ; Heidelberg ; New York ; London ; Paris ; Tokyo ; Hong Kong: Springer, 1989
(Mikroelektronik)
ISBN 978-3-540-50891-5

2068/3020-543210 – Gedruckt auf säurefreiem Papier

Geleitwort der Herausgeber

Mikroelektronik entscheidet als Schlüsseltechnologie über den Fortschritt auf vielen Feldern moderner Technik und beeinflußt damit weite Bereiche von Produktion und Dienstleistung. Indem sie Informations- und Kommunikationstechnik, Automatisierungstechnik und Datenverarbeitungstechnik als Grundlage dient, ist sie gleichzeitig die Basis einer Informationsgesellschaft, in der neben Kapital und Arbeit die Verarbeitung von Daten eine zentrale Rolle einnimmt.

Angesichts der zentralen technischen und wirtschaftlichen Bedeutung der Mikroelektronik muß es vorrangiges Anliegen sein, die vorhandenen Kenntnisse und Fähigkeiten auf diesem Gebiet zu verbessern, weiterzuentwickeln und zu publizieren, um sie einem möglichst großen Kreis Interessierten zugänglich zu machen.

Diesem Ziel dient die Buchreihe »Mikroelektronik«. Die Herausgeber haben sich bemüht, für dieses umfassende Vorhaben ein für die deutsche Mikroelektroniklandschaft repräsentatives Autorenteam zu gewinnen, in dem Hochschulen, Forschungsinstitute und die Industrie gleichermaßen vertreten sind.

Die Reihe behandelt aktuell und praxisnah nahezu alle Aspekte der Mikroelektronik, wobei neben den Grundlagen sowohl Entwurf, Fertigung und Test Integrierter Schaltungen als auch Produkte und Anwendungen die Themenschwerpunkte sind. Jeder Band ist einem bestimmten Einzelthema der Mikroelektronik gewidmet, wobei Aspekte des Anwenders von Integrierten Schaltungen besonders berücksichtigt werden.

Walter Engl, Aachen
Hans Friedrich, München
Hans Weinerth, Hamburg

Vorwort

Der Einsatz elektronischer Bauelemente in strahlungsbelasteter Umgebung bedeutet ein zusätzliches Zuverlässigkeitsrisiko: durch die Wechselwirkung (WW) mit dem Halbleiter-Material werden die physikalischen Parameter des Halbleiters und die der isolierenden Deckschichten beeinflußt. Hierdurch ergeben sich Änderungen in den Funktionsparametern der Bauelemente, die im äußersten Fall zum Ausfall der gesamten Schaltung führen.

Trotz dieses Nachteils ist jedoch das Vordringen der Elektronik auch in diese Einsatzgebiete nicht gehemmt worden, sondern im Gegenteil überproportional angestiegen. Von den zivilen Anwendungen seien nur einige Beispiele genannt:

- Die Weltraumfahrt wäre ohne Halbleiter-Elektronik überhaupt nicht möglich.

- Reaktorinstrumentierung benötigt elektronische Bauteile, die einer erhöhten Strahlungsbelastung ausgesetzt werden müssen.

- Die Entwicklung des Fusionsreaktors ist auf Halbleitertechnik als Sensor- und Steuerelektronik angewiesen.

- Im Bereich der Materialforschung werden Halbleiter-Detektoren eingesetzt.

- In der Medizin werden strahlungsresistente Halbleiter-Bauelemente verwendet.

Ebenso ist auch in der Halbleiter-Technologie und -Fertigung der Einzug von Methoden zu beobachten, die mit Strahlung behaftet sind: Ionen-Implantation, reaktives Ätzen und Inspektion mit Hilfe des Elektronen-Mikroskopes, um nur einige zu nennen.

Die "klassische" Erzeugung von Gitter-Defekten durch korpuskulare Strahlung, wie sie schon seit langem von der Festkörperphysik zum Studium der Dynamik des Entstehens und Abbaus von Fehlstellen im Halbleiter-Material benutzt wird, ist bekannt. Sie stellt jedoch nicht die einzige und nicht einmal wichtigste Schädigungsart von Halbleiter-Bauelementen dar. Im Zuge der MOS- und der bipolaren Technologie einerseits und durch Verkleinerung der Strukturen andererseits kommen zusätzliche Schädigungsmechanismen hinzu, so daß man grob folgende grundsätzlichen Schädigungsarten unterscheiden kann:

1. **Verlagerungsschädigung,** die, wie schon erwähnt, mit der Erzeugung von Gitterfehlern und mit dem damit verbundenen Aufbau von Zentren im verbotenen Band des Halbleiters zusammenhängt.

2. **Ionisationsschädigung,** die durch Energieablagerung zur Erzeugung von Elektron-Loch-Paaren führt. In isolierenden Deckschichten (Steuergate oder passivierend) führen diese Primärprozesse zum Aufbau einer positiven Ladung und zu einer Erhöhung der Dichte von Phasengrenzzuständen. Im Halbleiter-Bauelement werden Fotoströme erzeugt, die bei hohen Dosisleistungen zur Zerstörung der Bauelemente führen können (transiente Schädigung).

3. **Lokalisierter Funktionsausfall** infolge einzelner Ereignisse, Single Event Upset (SEU) in VLSI-Schaltungen, wo aufgrund der hohen Packungsdichte und der Kleinheit der Strukturen einzelne schwere Ionen Fehler hervorrufen können, die mit dem Zünden von Vierschicht-Strukturen (latch up) oder dem Umkippen von Einzelzellen in ihren komplementären Zustand (soft error oder bit flop) erklärt werden können.

Dieses Buch soll in diesen Themenkreis einführen und ausgehend von den Primärprozessen der Wechselwirkung von Strahlung und Halbleiter-Material die Möglichkeiten der Vorhersage der Parameter-Degradation in strahlungsbelasteter Umgebung beschreiben. Der starke Einfluß der verwendeten Technologie, technologische und schaltungstechnische Methoden der Härtung, werden ebenso behandelt wie die Möglichkeit der Abschirmung von Bauteilen, die Durchführung der Tests zur Bestimmung der Strahlungsempfindlichkeit und der Einfluß von Strukturverkleinerungen auf das Bestrahlungsverhalten von komplexen Schaltkreisen.

Der Leser soll hierdurch mit Problemen des Schaltungsentwurfes für den Einsatz der Elektronik in Bereichen wie der Raumfahrt vertraut gemacht werden.

Die Umgebung in der Hahn-Meitner-Institut Berlin GmbH hat wesentlich zum Inhalt und zur Beendigung dieser Schrift beigetragen.

Vor mehr als zwanzig Jahren hat Prof. Dr.-Ing. K. Zander dieses Arbeitsgebiet in Deutschland begründet. Ihm verdanke ich viele Einsichten in diese Themenstellung.

Prof. Dr.-Ing. H.-G. Wagemann, der diese Arbeiten im Hahn-Meitner-Institut bis 1977 weiterführte, bin ich für seine wissenschaftliche und persönliche Betreuung besonders dankbar.

Meinen ehemaligen und jetzigen Arbeitskollegen bin ich für viele Diskussionen und Ratschläge zu Dank verpflichtet. Hierzu gehörten Prof. Dr. rer.nat. W. Fahrner, Dr.-Ing. R. Ferretti, Prof. Dr.-Ing. M. Knoll, Dr.-Ing. G. Bach, Dr.-Ing. U. Kämpf, Dipl.-Phys. A. Spencker, Dipl.-Ing. F. Wulf, Dipl.-Ing. A. Boden und Dipl.-Phys. J. Klaer.

Ebenso danke ich den technischen Mitarbeitern W. Jesionek, S. Koschitzky, J. Siegel und K.J. Tiedt für die tatkräftige Hilfe bei der Vorbereitung und Durchführung von Experimenten.

Schließlich möchte ich Dr. rer.nat. U. Nielsen für die technische und administrative Unterstützung bei der Niederschrift danken.

Ganz besonders bin ich jedoch Frau G. Hoffmann für ihre Geduld und Ausdauer beim Niederschreiben des Textes, Frau L. Buttenstedt für die Anfertigung vieler Zeichnungen verpflichtet, ebenso Frau M. Heese, Frau J. Schulz und Frau B. Müller-Guthof.

Berlin, im April 1989 D. Bräunig

Inhaltsverzeichnis

1 Einführung

In diesem einführenden Kapitel soll in etwas allgemeinerer Form der Problemkreis der Strahlung behandelt werden. Fragen nach Auftreten, Art und Wirkung verschiedener Strahlenspezies sollen rekapituliert werden, um so eine Grundlage für die späteren Kapitel zu schaffen. Nicht zuletzt die quantitative Behandlung erfordert Definitionen der Terminologie wie auch der radiologischen Größen. Ohne den Anspruch auf Vollständigkeit soll in kurzer Form auf diese Fragen eingegangen werden, wobei die Weltraum-Anwendungen im Vordergrund stehen.

Strahlung: Quellen und Umgebung

Der gesamte Weltraum ist mit Strahlung belegt. Diese besteht aus sehr hochenergetischer Partikelstrahlung (Energien im hohen GeV-Bereich) und Gamma-Quanten. Es sind praktisch alle Elementarteilchen und Elemente vertreten. Für die Problematik des Strahlenschadens sind insbesondere hochenergetische Teilchen der Kohlenstoff- und Eisen-Gruppe bedeutsam.

Daneben ist die Strahlung von der Sonne aus Fusionsereignissen wichtig. Die Stärke dieser Strahlung schwankt periodisch (11-Jahres-Zyklus) und ist mit Sonnenaktivitäten korreliert.

In der Umgebung von Planeten mit Magnetfeldern (Erde, Jupiter und Merkur) treten planetengebundene Strahlungsgürtel auf. Der irdische Strahlungsgürtel wird nach seinem Entdecker (1958) van Allen-Strahlungsgürtel (-belt) genannt. Aufgrund des Dipol- (zusätzlich Quadrupol-) Charakters des irdischen Magnetfeldes kann man ihn theoretisch beschreiben, das jedoch recht ungenau. In ihm sind ausschließlich Elektronen und Protonen eingefangen. Er ist in einen inneren und äußeren Strahlengürtel strukturiert und enthält Elektronen bis 5 MeV und Protonen bis 50 MeV.

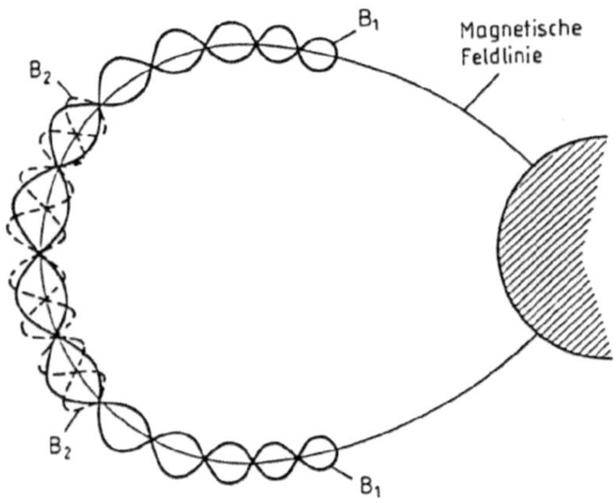

Abb. 1.1: Wechselwirkung geladener Teilchen mit dem Erdmagnetfeld

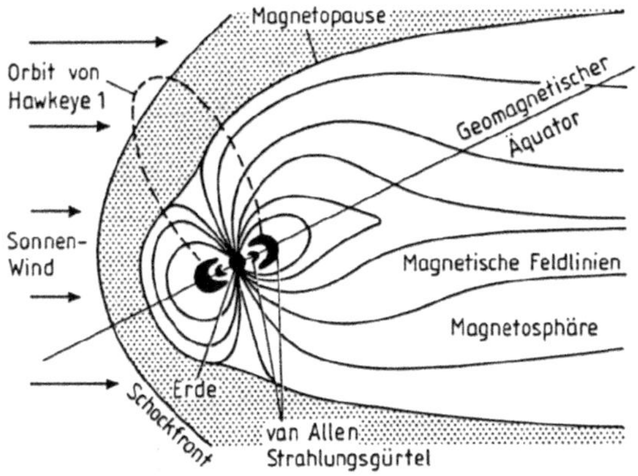

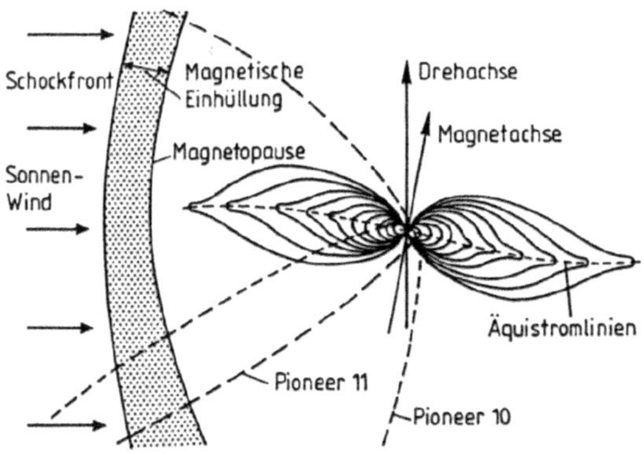

Abb. 1.2: Strahlungsgürtel von Erde und Jupiter. Die Abbildung macht deutlich, wie die Wirkung der Sonne eine Unsymmetrie erzeugt. Eingezeichnet sind ebenfalls Sondenbahnen zur Vermessung des Strahlenfeldes [1]

Daß überhaupt Ladungsträger eingefangen werden können, liegt daran, daß sich die Feldliniendichte zu den magnetischen Polen stark vergrößert. Die Teilchen machen eine Spiralbewegung um die magnetischen Feldlinien und werden nahe den Magnetpolen (Höhe abhängig von ihrer Energie) gespiegelt (mirror point). Dieses Phänomen läßt sich experimentell mit der "magnetischen Flasche" nachbilden. In Abb. 1.1 ist dieser Vorgang schematisch dargestellt. Tatsächlich wirkt die Nähe der Sonne auf die Ausbildungsform, was beim irdischen Strahlungsgürtel (sogar noch beim Jupiter) zu einer starken Unsymmetrie führt. Vereinfachende Darstellungen sind in der Abb. 1.2 enthalten [1].

Abb. 1.3 zeigt einen Schnitt durch den Strahlengürtel in der Äquatorebene, der die pro Tag und cm² auftretenden integralen omnidirektionalen Flüsse für Protonen und Elektronen darstellt [2].

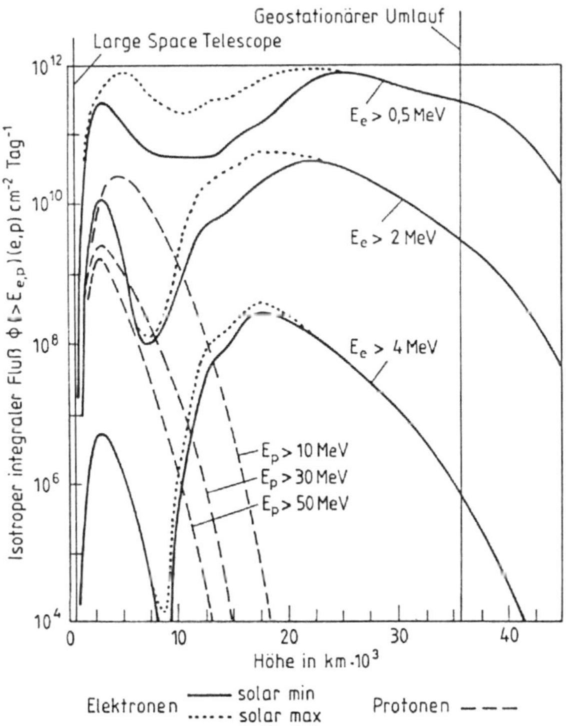

Abb.1.3: Schnitt durch den Strahlungsgürtel der Erde. Aufgetragen ist der omnidirektionale integrale Fluß von Elektronen und Protonen als Funktion des Abstandes von der Erde in der Äquatorebene [2]

Man sieht deutlich die Strukturierung in einen inneren und einen äußeren Strahlungsgürtel. Der Einfluß der Sonnentätigkeit ist ebenfalls zu sehen. Der wichtige Bereich der Sychronsatelliten in einer Höhe von etwa 36 000 km ist dadurch ausgezeichnet, daß er fast im Maximum des Elektronenflusses liegt. Das hat, wie man später sehen wird, bei vorgegebenen Missionszeiten erheblichen Einfluß auf die zu verwendende Halbleiter-Technologie.

In Abb. 1.4 ist, um einen Eindruck von Energie und Teilchen-Dichte zu erhalten, in stark reduzierter Form das Auftreten von Teilchen in der kosmischen Strahlung dargestellt [3]. Ohne im Moment darauf weiter einzugehen, soll darauf hingewiesen werden, daß diese Flüsse ein erhebliches Risiko für das Auftreten von SEU darstellen.

In allen weiteren Fällen der Anwendung elektronischer Schaltungen in strahlungsbelasteter Umgebung sind die beteiligten Strahlenarten überschaubarer, für die Funktion der Halbleiter-Bauelemente jedoch nicht gefahrloser.

Im Reaktor treten vor allem Neutronen (je nach Bauart mit unterschiedlichen Energiespektren) und harte Gamma-Strahlung auf. Beim Fusionsreaktor treten die gleichen Strahlungsspezies auf. In der modernen Halbleiter-Technologie treten zunehmend Prozeßschritte auf, die eine Strahlungsbelastung und damit ein zusätzliches Risiko für die Langzeit-Zuverlässigkeit darstellen.

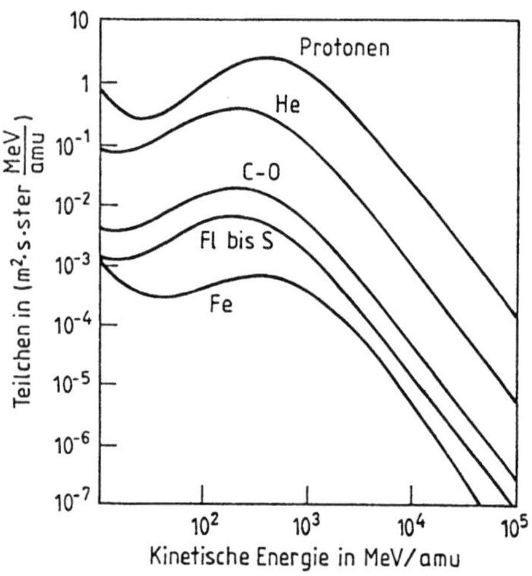

Abb. 1.4: Fluß der kosmischen Strahlung in Abhängigkeit von ihrer kinetischen Energie in normierter Form [3]

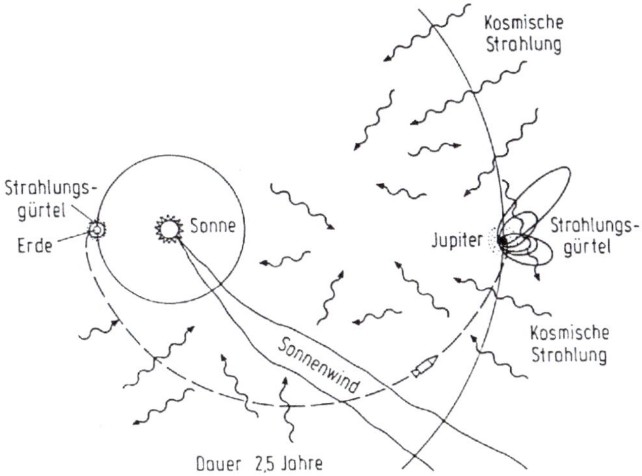

Abb. 1.5: Beispiel für eine interplanetare Mission. Dargestellt ist die Galileo-Mission. Der Anflug der Sonde dauert 2,5 Jahre [4]

In Abb. 1.5 ist ein Beispiel angegeben, welches die Schwierigkeit der Zuverlässigkeitsvorhersage verdeutlicht [4]. Die Galileo-Mission - verschoben aufgrund der Challenger-Katastrophe - wird vom Space Shuttle zu einer Reise zum Jupiter gestartet. Bis zur Ankunft am Jupiter vergehen etwa 2,5 Jahre. Dort wird 220 Tage vor Erreichen der Umlaufbahn aus der Sonde eine Instrumentenkapsel in die Jupiter-Atmosphäre geschickt, die unterschiedlichste Meßaufgaben vollbringen soll, bis sie in Druckbereiche der Atmosphäre kommt, in denen sie mechanisch zerstört wird. Auf der Reise zum Jupiter ist die Elektronik bis auf Telemetrie- und Steuer-Einrichtungen abgeschaltet. Sie durchquert nach dem Start den Van-Allen-Strahlungsgürtel und ist während der gesamten Reise der kosmischen Strahlung ausgesetzt. Mit großer Wahrscheinlichkeit erreichen sie auch solare Winde. Es muß jedoch sichergestellt sein, daß die gesamte Elektronik beim Erreichen des Jupiter voll funktionsfähig ist und auch während vieler Umlaufbahnen im Jupiter- Strahlengürtel zuverlässig arbeitet.

Strahlenarten

Im folgenden sollen die im Zusammenhang mit dieser Arbeit wichtigen Strahlenarten kurz rekapituliert werden.

Neutronen: Teilchenart ohne Ladung. Durch diese Eigenschaft bildet die Coulomb-Barriere des Kerns kein Hindernis. Die Wahrscheinlichkeit eines "direkten

Kerntreffers" ist höher als bei geladenen Teilchen. Neutronen sind gute Kandidaten zum Studium der Verlagerungsschädigung. Selbst ohne große Ionisationsfähigkeit ist der Ionisationseffekt aufgrund sekundärer Prozesse zu beachten. Cluster (ausgedehnte) Defekte werden erzeugt und Neutronen haben hohe Reichweiten. Da der Energie-Übertrag ein Maximum ist, wenn gleiche Massen an der Wechselwirkung beteiligt sind, wird Wasserstoff gern benutzt, um Neutronen abzubremsen. Thermische Neutronen haben eine Energie von etwa 25 meV.

Gamma-, Röntgen-Strahlen: Elektromagnetische Strahlung ohne Ruhemasse. Quanten, wobei Energie über Plancksches-Wirkungs-Quantum h mit der Frequenz des Quants verknüpft ist und ebenso Impuls und Wellenlänge. Aufgrund dieser Eigenschaften können sie mit der Materie in Wechselwirkung treten. Die unterschiedlichen Namen haben u.a. historische Gründe, beziehen sich aber auch auf ihre Herkunft.

Röntgen-Strahlen:	charakteristische, diskrete Energien aus Quantensprüngen der Hüllenelektronen.
Bremsstrahlung:	kontinuierliches Spektrum aus der Abbremsung von Elektronen im Material. Wichtige Komponente für Strahlungsbelastung.
γ-Strahlung:	Wird vom angeregten Kern ausgesendet. Tritt bei radioaktiven Zerfällen auf (i.a. <10 MeV).

Elektronen: Wichtigste Komponente in Hinsicht auf Weltraumanwendungen. Erzeugt bei Abbremsung schwer abschirmbare Bremsstrahlung. Schwächere Ionisationseigenschaften als Protonen, Alphas, Ionen. Wechselwirkung muß i.a. relativistisch behandelt werden (Ruheenergie 0,511 MeV). Ist verantwortlich für isolierte Einzeldefekte, da Impulsbilanz ungünstig. Reichweiteberechnungen schwierig, da bei jeder WW starke Ablenkung.

Protonen: 1836 mal schwerer als Elektronen. Damit keine nennenswerte Bremsstrahlungserzeugung, aber stärkere Ionisationswirkung. Eindringtiefe ist relativ gut angebbar, da wenig Richtungsänderungen bei WW. Wegen der geringeren Eindringtiefe gut abschirmbar. Bis auf sehr hochenergetische Teilchen kein ernsthaftes Problem.

Alphas: Helium-Kern, mit hoher Ionisierungsfähigkeit. Aus radioaktiven Zerfällen (Energie 5-10 MeV) herrührend und ohne Abschirmung zur Generation von SEU fähig.

Ionen: Wegen ihrer überaus starken Ionisierungsfähigkeit und Verlagerungsdefekt-Erzeugung sehr gefährlich für Halbleiter-Bauelemente. Schäden bei der Ionenimplantation müssen ausgetempert werden. Die Eindringtiefe bei herkömmlichen Energien ist so gering, daß bereits sehr dünne Abschirmung (Gehäuse) ein Eindringen in das Halbleiter-Gebiet verhindert. Ausnahme: kosmische Strahlung. Dort ein fundamentales Sicherheitsrisiko. Ionen werden durch ihr Atomgewicht A und ihre Kernladung Z sowie ihren Ladungszustand charakterisiert in folgender Form

$$^{A}_{Z}I, \text{ z.B. } ^{4}_{2}He^{++}, \; ^{28}_{14}Si^{+},$$

Z gibt die Anzahl der Protonen und damit auch die Anzahl der Hüllenelektronen eines neutralen Atoms an, A die Summe der Neutronen und Protonen im Kern.

In Abb. 1.6 sind noch einmal die wichtigsten Eigenschaften der drei Elementarteilchen zusammengefaßt.

In Abb. 1.7 sind die wichtigsten Wechselwirkungsmechanismen - für den Bereich der Strahlenschäden - übersichtlich zusammengefaßt. Die eingehende Beschäfti-

Elektron	Ladung	e	$= 1{,}602 \cdot 10^{-19}$ C
	Masse	m_e	$= 9{,}11 \cdot 10^{-31}$ kg
	Atomgewicht	A_e	$= 0{,}000549$
	Ruheenergie	$m_e c^2$	$= 0{,}511$ MeV
Proton	Masse	m_p	$= 1{,}672 \cdot 10^{-27}$ kg
	Atomgewicht	A_p	$= 1{,}007\,276$
	Ruheenergie	$m_p c^2$	$= 938{,}22$ MeV
Neutron	Masse	m_n	$= 1{,}674 \cdot 10^{-27}$ kg
	Atomgewicht	A_n	$= 1{,}008\,665$
	Ruheenergie	$m_n c^2$	$= 939{,}51$ MeV

Abb. 1.6: Die wichtigsten Eigenschaften der drei Elementarteilchen

- PHOTONEN
  - Photoelektrischer Effekt
  - Compton-Effekt
  - Paarerzeugung
- GELADENE TEILCHEN
  - Rutherford-Streuung
  - Kernwechselwirkung
- NEUTRONEN
  - Kernwechselwirkung
    - Elastische Streuung
    - Inelastische Streuung
    - Kernumwandlung

Abb 1.7: Grundsätzliche Arten der Wechselwirkung zwischen Strahlung und Materie

gung mit diesen Prozessen wird hier nicht versucht und ist für das nächste Kapitel vorgesehen. Es soll hier nur eine vorläufige Übersicht gegeben werden.

Strahleneffekte in Halbleiter-Bauelementen

Die Behandlung der Strahleneffekte in Halbleiter-Bauelementen verlangt die Beschäftigung mit sehr unterschiedlichen Teilbereichen der Physik und Elektrotechnik. Die Wechselwirkung von Strahlung und Materie kommt ohne Kenntnisse der Primärprozesse, die ein Gebiet der Strahlen- und Kernphysik sind, nicht aus. Hierzu ist die Physik der Streuprozesse und angeregten Zustände zu rechnen. Die Dynamik vom Aufbau und Abbau von Gitterfehlern, ihre Charakterisierung und modellmäßige Beschreibung ist ein Gebiet der Festkörper-Physik. Hauptsächlich jedoch ist die Halbleiter-Physik und -Technik angesprochen. Die Strahlenschäden sind nur in Verbindung mit der Halbleiter-Technologie zu behandeln. Und der Anwender, der mit diesen Mechanismen vertraut sein muß, ist mit ziemlicher Sicherheit ein Elektrotechniker, um z.B. beim Design oder Schaltungsentwurf eine optimale Lösung zu finden. Nur hierdurch kann gewährleistet sein, daß die Elektronik sicher funktioniert.

Es ist ein wichtiger Gesichtspunkt, die sehr unterschiedlichen Erscheinungsformen der Strahleneffekte zu systematisieren. Unter Umständen ist die Änderung

- Verlagerungsschädigung (Displacement)
  - Zentren innerhalb des verbotenen Bandes
  - Zusätzliche Streuzentren
  - Traps
- Ionisationsschädigung (Total dose, transiente Effekte)
  - Ladungsaufbau (im Isolator)
  - Transiente Schädigung
  - Fotoströme
  - Latch-up
  - Zerstörung
- Lokalisierte Schädigung (Single Event Upset = SEU)
  - Latch Up
  - Soft Errors

Abb. 1.8: Einteilung der grundsätzlichen Schädigungsarten.

eines Parameters nach Abstellen der Bestrahlung (falls das überhaupt möglich ist) nicht beendet. Der Ausdruck "Permanente Schädigung" ist deshalb problematisch. Trotz dieser Vorbehalte kann man Verlagerungsschädigung und Ionisationsschädigung (mit Ausnahme von dosisratenabhängigen Photoströmen) als permanent bezeichnen, solange man sich bewußt ist, daß ein Wechselspiel zwischen Defekterzeugung und Defektveränderung stattfindet. Auch der SEU ist in diesem Sinne ein permanenter Schaden. Nur kommen hier starke schaltungstechnische und funktionelle Gesichtspunkte ins Spiel. Die in Abb. 1.8 vorgenommene Systematisierung ist allgemein üblich und erleichtert die Bearbeitung, wird jedoch erst später genau definiert.

Radiologische Größen: Definition und Einheiten

- Ionendosis (J)

  Definition: Die von einer ionisierenden Strahlung erzeugte Ionendosis J ist der Quotient dQ und dm_L, wobei dQ die elektrische Ladung der Ionen eines Vorzeichens ist, die in Luft in einem Volumelement dV durch die Strahlung mittel- oder unmittelbar gebildet werden und $dm_L = \rho_L\, dV$ die Masse der Luft mit der Dichte ρ_L in diesem Volumenelement

$$J = \frac{dQ}{dm_L} = 1/\rho_L \cdot \frac{dQ}{dV}$$

- Meßeinheit: Röntgen (R)
- $1R = 2{,}58 \cdot 10^{-4}$ C/kg
- $2 \cdot 10^9$ Ionenpaare pro cm^3 Luft mit einer Dichte von 1,293 mg/cm^3.

- Energiedosis (D)

Definition: Die von einer ionisierenden Strahlung in einem Material erzeugte Energiedosis D ist der Quotient aus dE und dm, wobei dE die Energie ist, die auf das Material in einem Volumenelement dV durch die Strahlung übertragen wird, und $dm = \rho dV$ die Masse des Materials mit der Dichte ρ in diesem Volumenelement.

$$D = dE/dm = 1/\rho \cdot dE/dV$$

- Die gebräuchliche Maßeinheit für die Energiedosis ist das rad (rd).
- 1rad = 0,01 J/kg = 0,01 Gray (Gy) = $6{,}247 \cdot 10^7$ MeV/g
- Äquivalentdosis (Dq)

Definition: Die Äquivalentdosis Dq ist das Produkt aus der Energiedosis D und einem dimensionslosen Bewertungsfaktor q, der zu Strahlenschutzzwecken je nach Strahlenart und -energie verschieden festgesetzt ist.

$$Dq = qD$$

Dq in rem und D in rad.

- Alpha-Strahlung	q = 10
- Beta-Strahlung	q = 1
- Gamma-Strahlung	q = 1
- Neutronen, thermisch	q = 3
- Neutronen, schnell	q = 10

- Aktivität (A)

Definition: Die Aktivität A einer Menge eines Radionuklids oder Isomers, die N Atome zum Zeitpunkt t enthält, ist der Erwartungswert dN/dt der Umwandlungsrate, das ist nach dem Zerfallsgesetz das Produkt aus der Zerfallskonstanten λ und N: $\mathbf{A = dN/dt = \lambda \cdot N}$.

- Gebräuchliche Einheit der Aktivität ist das Curie (Ci)
- 1 Ci = $3{,}7 \cdot 10^{10}$ Zerfälle/s.
- 1 Ci ist angenähert gleich der Aktivität von einem Gramm ^{226}Ra.

Es sollten in aller Regel die Einheiten des internationalen Einheitssystems benutzt werden. Der Übergang ist in der Praxis jedoch sehr langwierig.

In Tabelle 1.1 sind die Einheiten auch des SI-Systems enthalten.

Tabelle 1.1: Einheiten radiologischer Größen

Radiologische Größe mit Formelsymbol (DIN 6814)	Internationale Bezeichnung mit Formelsymbol	Definitionsgleichung (DIN 6814)	Bisher gültige Einheit	SI- Einheit und besonderer Name
Ionendosis (J)	Exposure (E)	J = dQ / dm Ionenladung durch Masse)	Röntgen 1 R = $2{,}58\ 10^{-4}$ $C \cdot kg^{-1}$	Coulomb durch Kilogramm ($C \cdot kg^{-1}$)
Energiedosis (E)	Absorbed dose (D)	D = dE / dm (Auf d. Materie übertr. Energie durch Masse)	Rad 1 rd = $10^{-2}\ J \cdot kg^{-1}$	Joule durch Kilogramm ($J \cdot kg^{-1}$) 1 Gy = $1\ J \cdot kg^{-1}$ (Gray)
Äquivalentdosis (D_q)	Dose equivalent (H)	$D_q = q \cdot D$ (Bewertungsfaktor mal Energiedosis)	Rem 1 rem = $10^{-2}\ J \cdot kg^{-1}$	Joule durch Kilogramm ($J \cdot kg^{-1}$) (Sievert,Sv)
Aktivität einer radioaktiven Substanz (A)	Activity of a radioactice substance (A)	A = dN / dt (Anzahl der Kernumwandlungen durch Zeit)	Curie 1Ci = $3{,}7 \cdot 10^{10}\ s^{-1}$	Reziproke Sekunde (s^{-1}) 1Bq = $1\ s^{-1}$ (Bequerel)

- Teilchenfluß — Teilchen/cm^2s
- Dichte (Fluenz) — Teilchen/cm^2
- Neutronen
    - Reaktorneutronen (Spalt-)
    - 14 MeV Neutronen (Fusion)
    - $>$ 10 keV
    - 1 MeV-Äquivalent
- Ionisierende Strahlung
- Totale absorbierte Dosis
    - 1 rad (Si) = 100 erg/g (Si) = 0,01 J/kg (Si)
    - 1 Gray (Gy) = 100 rad = 1J/kg
    - Dosisrate in rad (Si)/s

Abb. 1.9: Einige Fachbegriffe im Umgang mit Strahlung

Terminologie

In Abb. 1.9 ist die gebräuchlicheTerminologie zusammengestellt. Der Teilchenfluß (flux) gibt die Anzahl der Teilchen an, die pro Sekunde eine Fläche von 1 cm^2 durchqueren. Die Dichte (Fluenz) ist der über einen Zeitraum integrierte Teilchenfluß durch eine Fläche von 1 cm^2. Es ist sinnvoll, hier auch die Energie der Teilchen anzugeben, wenn es sich um monoenergetische Teilchen handelt (z.B. 10^{15} 2,5 MeV-Elektronen/cm^2). Die Neutronen werden vorwiegend als Spalt-oder Reaktor-Neutronen aus Spaltprozessen (maximale Energie-Verteilung bei etwa 1 MeV), als Fusionsneutronen (14 MeV) und als hochenergetische Neutronen bei Energien höher als 10 keV bezeichnet. Zu Kalibrierungszwecken für die Dosimetrie wird das 1 MeV-Äquivalent-Neutron benutzt.

Die Meßeinheit für ionisierende Strahlung ist das rad bzw. Gray (Gy). Hierbei sollte das absorbierende Material genannt werden (z.B. rad (Si) oder Gray (Luft)). Die Dosisleistung bzw. Dosisrate ist z.B. das rad(Si)/s oder Gy (Al)/s.

Um einen Eindruck von der Größenordnung der absorbierten Dosis zu erhalten, sind in Abb. 1.10 für verschiedene Belastungen die Werte aufgetragen und zum Vergleich Einsatzbereiche verschiedener Halbleiter-Technologien herangezogen.

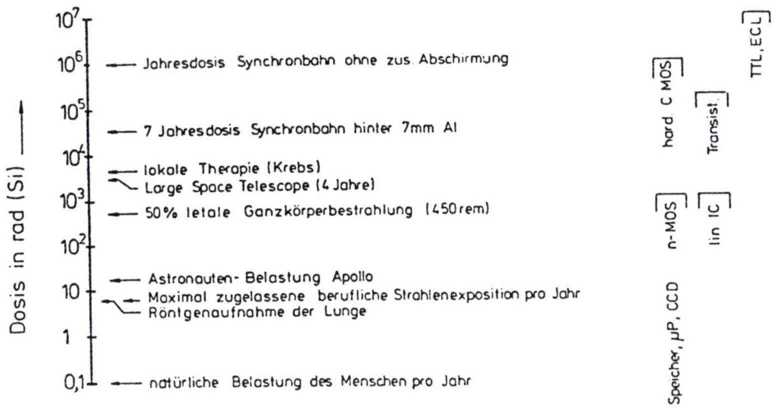

Abb. 1.10: Übliche Dosiswerte im Vergleich zu den Einsatzbereichen elektronischer Bauteile

Historisches im Zusammenhang mit den behandelten Themen

1895	Entdeckung der RÖNTGEN-Strahlen
1911	Aufstellung des Atom-Modells durch RUTHERFORD. Entdeckung des Atomkerns.
1928	Erklärung des COMPTON-Effektes durch KLEIN-NISHINA
1932	Entdeckung des Neutrons durch CHADWICK
1938	Spaltung schwerster Kerne mit Hilfe von Neutronen von HAHN und STRASSMANN
1945	Erste Atombombe durch die Armee der USA zur Zündung gebracht
1947	Erfindung des Transistors durch SHOCKLEY, BRATTAIN und BARDEEN
1956	Beschreibung der Ionenimplantation (Erste Patente)
1957	Sputnik
1958	Entdeckung des VAN ALLEN-Strahlengürtels, erster integierter Schaltkreis (TI)
1959	Entwicklung des Planar-Prozesses (Fairchild)
1960	MOSFET durch KHANG und ATALLA (Fairchild)
1961	Erste Menschen im All Versagen des TELSTAR-Satelliten
1962	Kommerzieller MOSFET (RCA)
1965	μA 709 Operationsverstärker (Fairchild)

1969	APOLLO-Mission (Erste Menschen auf dem Mond)
	AZUR, erster deutscher Satellit zur Erforschung des inneren Strahlengürtels
1971	Erster µP (4004 von INTEL)
1974	deutsch/französischer Fernmelde- und Rundfunk-Satellit SYMPHONIE (Drei-Achsen-Stabilisierung)
1975	Hardened pMOS Transistor durch AUBUCHON
	Upsets in Flip-Flops beobachtet
1976	Alpha-Teilchen Upsets in DRAMs beobachtet (INTEL)
	Erstes 16K DRAM (INTEL)
1977	64K DRAM (IBM)
1978	Hardened CMOS (CD 4000 Serie) (RCA, NS)

2 Wechselwirkung (WW) zwischen Strahlung und Materie

2.1 Vorbemerkungen

Arten der WW [5]

WW geschieht grundsätzlich durch die folgenden Mechanismen:

(1) Inelastischer Stoß mit den Hüllenelektronen
(2) Inelastischer Stoß mit dem Kern
(3) Elastischer Stoß mit den Hüllenelektronen
(4) Elastischer Stoß mit dem Kern

(1) führt zur Anregung von Hüllenelektronen mit nachfolgendem Übergang in den Grundzustand (z.B. charakteristische Röntgen-Strahlung) oder zur Freisetzung des Elektrons (Auger-Elektronen).

(2) führt zur Streuung des primären Teilchens unter Aussendung von Quanten.

(3) und (4) führen zur Streuung des primären Teilchens ohne Erzeugung von Quanten oder angeregten Zuständen.

Die Wahrscheinlichkeit, daß ein Quant oder ein Teilchen eine dieser vier WW erfährt, hängt von den Eigenschaften der Strahlung und vom Material des Absorbers ab und wird charakterisiert durch den Wirkungsquerschnitt σ.

Wirkungsquerschnitt

Der Wirkungsquerschnitt σ läßt sich anschaulich als eine Fläche senkrecht zur Strahlrichtung verstehen, in welche Strahlung eintreten muß, um eine WW (z.B. eine Streuung) zu erleiden. Diese Fläche ist anstelle eines Atomkerns oder einer Elektronenhülle zu sehen, je nach WW-Partner (Abb. 2.1).

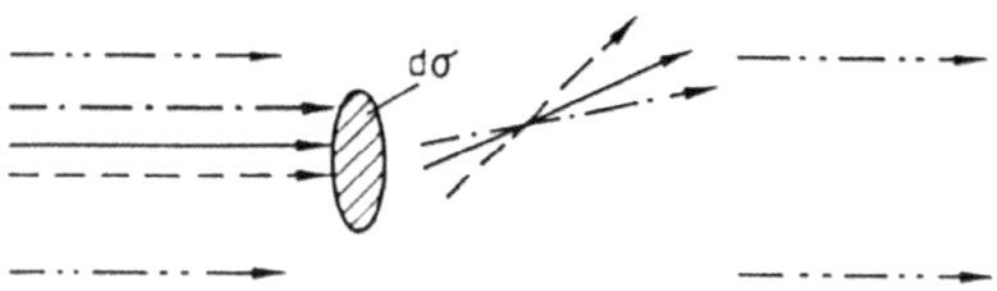

Abb. 2.1: Anschauliche Darstellung des Wirkungsquerschnittes

Befindet sich im durchstrahlten Material der Dicke dx eine Anzahl von Ndx Atomen (N = Atome/cm^3), so ist σ die "empfindliche Fläche" oder σNdx die Wahrscheinlichkeit für das ankommende Quant oder Teilchen, daß es absorbiert (dann ist σ der totale Wirkungsquerschnitt) oder gestreut (dann ist σ der Streuquerschnitt) wird.

Beim Streuquerschnitt kann man noch eingrenzend den differentiellen Wirkungsquerschnitt definieren, der z.B. die Winkelverteilung $d\sigma/d\Omega$ oder das Energieintervall $d\sigma/dE$ der gestreuten Teilchen beschreibt.

2.2 Photonen

2.2.1 Photoelektrischer Effekt

Mechanismus: Ein Photon der Energie $h{\cdot}v_0$ wird vollständig absorbiert und überträgt diese Energie bis auf eine Bindungsenergie E_B auf ein Hüllenelektron, welches die kinetische Energie E' erhält (Abb. 2.2). Wegen des Energie- und Impulserhaltungssatzes muß der Kern beteiligt sein. Daher ist die Wahrscheinlichkeit, daß ein dem Kern nahes Elektron der K-Schale an der WW beteiligt ist, groß (≈ 80 %)

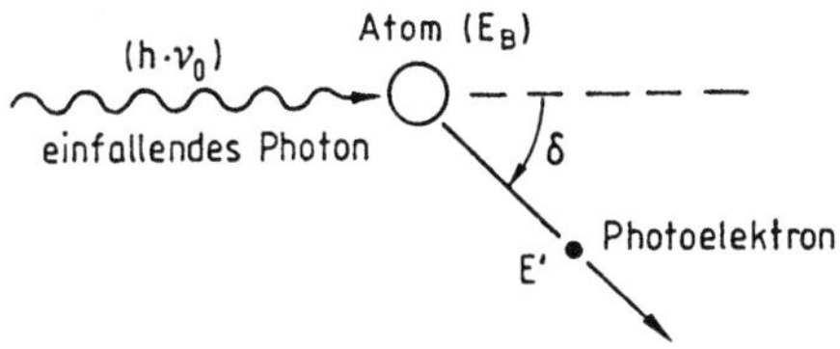

Abb. 2.2: Schematische Darstellung des photoelektrischen Effektes

$$E' = h\nu_o - E_B \tag{2.1}$$

Der Wirkungsquerschnitt a^{τ} (cm^2/Atom) ist

$$a^{\tau} = \text{const}\,\frac{Z^4}{(h\nu_o)^3} \tag{2.2}$$

mit Z = Kernladungszahl. $(Z)^4$ geht mit steigender Energie auf $(Z)^{4,6}$ und der Exponent 3 für $h\cdot\nu_o$ ist im interessierenden Bereich $\leqq$ 0,5 MeV gültig.

Der lineare Absorptionskoeffizient ist

$$\tau = a^{\tau}\cdot N \qquad \text{in } cm^{-1} \tag{2.3}$$

wobei N die Anzahl der Atome pro cm^3 ist.

$$N = N_A\left(6{,}025\cdot 10^{23}\,\frac{\text{Atome}}{\text{mol}}\right)\cdot\frac{\rho\left(\frac{g}{cm^3}\right)}{A\left(\frac{g}{mol}\right)} = 6{,}025\cdot 10^{23}\cdot\frac{\rho}{A}\,.$$

Damit wird

$$\mu_{\tau} = \frac{\tau}{\rho} = \frac{a^{\tau}\cdot 6{,}025\cdot 10^{23}}{A} \tag{2.4}$$

$\mu_{\tau} = \tau/\rho$ wird als Massenschwächungskoeffizient mit der Dimension $cm^{-1}\ g^{-1}\ cm^3 = cm^2\ g^{-1}$ für Absorptionsrechnungen angegeben. Die Winkelverteilung der

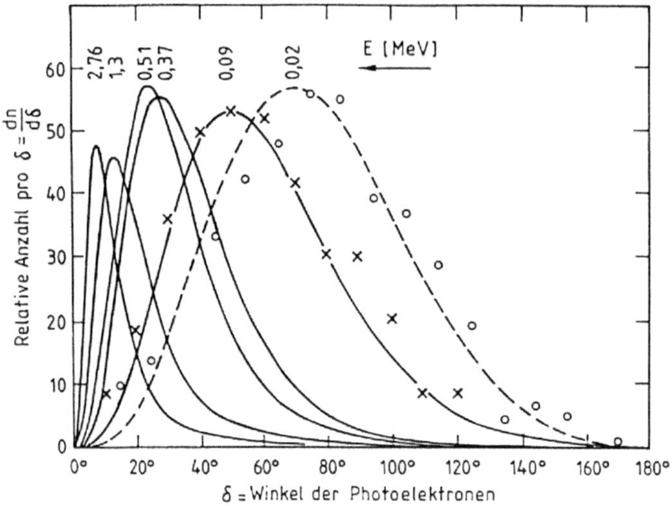

Abb. 2.3: Winkelverteilung der Photoelektronen in Abhängigkeit von der Energie [6]

relativen Anzahl dn/dδ der Photoelektronen pro Winkeleinheit ist in Abb. 2.3 zu erkennen [6]. Für geringere Energien ist die 90°-Streuung bevorzugt, für höhere Energien ist das Photoelektron bevorzugt in Richtung des einfallenden Photons zu finden. Aus Gleichung (2.2) ist zu entnehmen, daß der Wirkungsquerschnitt für hohe $h \cdot v_0$ stark abfällt und für Absorbermaterialien mit hohem Z stark ansteigt.

2.2.2 Compton-Effekt

Mechanismus: Ein Photon tritt in WW mit einem Hüllenelektron, überträgt einen Teil der Energie auf das Elektron, wird gestreut und verläßt die WW mit geringerer Energie (Abb. 2.4).

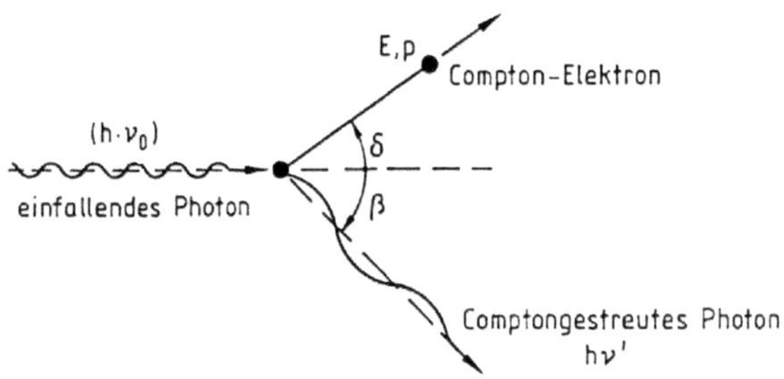

Abb. 2.4: Schematische Darstellung des Compton-Effektes

Einfaches Stoßproblem:
Impulserhaltungssatz:

$$\frac{h\cdot\nu_o}{c} = \frac{h\cdot\nu'}{c}\cos\beta \quad + p\cdot\cos\delta\,, \tag{2.5}$$

$$0 = \frac{h\cdot\nu_o}{c}\sin\beta \quad - p\cdot\sin\delta\,. \tag{2.6}$$

Energieerhaltungssatz:

$$h\cdot\nu_o = h\cdot\nu' + E\,. \tag{2.7}$$

Benutzt man die relativistische Beziehung

$$p\cdot c = \sqrt{E(E+2m_oc^2)} \tag{2.8}$$

kann man 2 Parameter aus den 3 Gleichungen eliminieren. Mit $\alpha = h\cdot\nu_o/m_oc^2$ ergibt sich nach etwas Rechnung die Compton-Verschiebung

$$\frac{c}{\nu'} - \frac{c}{\nu_o} = \lambda' - \lambda_o = \frac{h}{m_oc}(1-\cos\beta)\,. \tag{2.9}$$

Die Energie des gestreuten Photons ist

$$h\cdot\nu' = \frac{m_oc^2}{1-\cos\beta + \frac{1}{\alpha}} \tag{2.10}$$

und das Energieverhältnis

$$\frac{\nu'}{\nu_o} = \frac{1}{1+\alpha(1-\cos\beta)} \tag{2.11}$$

$$\text{für } \alpha \gg 1 \rightarrow h\nu' = \begin{Bmatrix} m_oc^2/2 \\ m_oc^2 \end{Bmatrix} \text{ für } \begin{Bmatrix} \beta = 180^\circ \\ \beta = 90^\circ \end{Bmatrix}$$

Die Energie des gestoßenen Elektrons ist

$$E = h\cdot\nu_o - h\nu' = h\cdot\nu_o \frac{2\alpha\cos^2\delta}{(1+\alpha)^2 - \alpha^2\cos^2\delta} = h\cdot\nu_o \frac{\alpha(1-\cos\beta)}{1+\alpha(1-\cos\beta)} . \tag{2.12}$$

Die maximale Energieübertragung ist demnach

$$E_{max} = \frac{h\cdot\nu_o}{1+(1/2\alpha)} \tag{2.13a}$$

oder

$$h\cdot\nu_o = \frac{E_{max}}{2}\cdot\left(1+\sqrt{1+\frac{2m_oc^2}{E_{max}}}\right) \tag{2.13b}$$

Und das Verhältnis der Winkel δ und β

$$\cos\delta = (1+\alpha)\frac{1-\cos\beta}{\sin\beta} = (1+\alpha)\tan\frac{\beta}{2} . \tag{2.14}$$

Folgerungen: Compton-Verschiebung der Wellenlänge (Gl. (2.9)) ist unabhängig von der Energie des einfallenden Photons, Compton-Verschiebung in der Energie (Gl. (2.10)) ist stark abhängig vom $h\nu_o$.

Das einfache Streumodell (Thompson-Streuung) ist relativ genau. Doch erst die quantenmechanische Beschreibung des Wirkungsquerschnittes durch Klein und Nishina (1928) unter Verwendung des Diracschen Elektronenmodells führte zur Klärung des Absorptions-Wirkungsquerschnittes des Compton-Effektes

$$\sigma_c = 2\pi r_o^2\cdot Z\left\{\frac{1+\alpha}{\alpha^2}\left[2\frac{1+\alpha}{1+2\alpha} - \frac{1}{\alpha}\ln(1+2\alpha)\right] + \frac{1}{2\alpha}\ln(1+2\alpha) - \frac{1+3\alpha}{(1+2\alpha)^2}\right\} . \tag{2.15}$$

Der Wirkungsquerschnitt σ_c ist die Wahrscheinlichkeit, daß ein Photon aus einem gebündelten Strahl entfernt wird, wenn es durch einen Absorber mit 1 Elektron/cm^2 hindurchtritt. Dimension ist cm^2/A. Damit wird der lineare Absorptionskoeffizient

$$\sigma = \sigma_c\cdot N \qquad \text{in } cm^{-1} \tag{2.16}$$

und der Massenschwächungskoeffizient

$$\mu_c = \frac{\sigma}{\rho} = \sigma_c\cdot\frac{6{,}025\cdot10^{23}}{A} \qquad \text{in } cm^2g^{-1} . \tag{2.17}$$

μ_c ist proportional zu Z/A. Damit ist der Massenschwächungskoeffizient praktisch unabhängig vom Material (Z/A $\approx$ 0,45 für alle Stoffe außer H_2). (r_o = klass. Elektronenradius: $2{,}818 \cdot 10^{-13}$ cm.).

2.2.3 Paar-Erzeugung

Mechanismus: Oberhalb einer Energie des einfallenden Photons ($h\nu_o > 2m_oc^2$) wird das Photon vollständig absorbiert und an seiner Stelle werden ein Elektron und ein Positron erzeugt. Impulserhaltung fordert die Anwesenheit eines geladenen Teilchens, hauptsächlich das Kernfeld, aber auch eventuell ein Elektron (Abb. 2.5).

$$E^+ + E^- = h \cdot \nu_o - 2m_oc^2 \tag{2.18}$$

Die Bewegung von e^+ und e^- ist bei $E >> m_oc^2$ vorwiegend vorwärts gerichtet. Der Wirkungsquerschnitt ergibt sich für extrem relativistische Verhältnisse zu

$$K_p = \alpha r_o^2 Z^2 \left[\frac{28}{9} \ln\left(183 \cdot Z^{-1/3} - \frac{2}{27} \right) \right] \tag{2.19}$$

in cm^2/Atom.

Der lineare Absorptionskoeffizient ist dann

$$K = K_p \cdot N \qquad \text{in } cm^{-1} \tag{2.20}$$

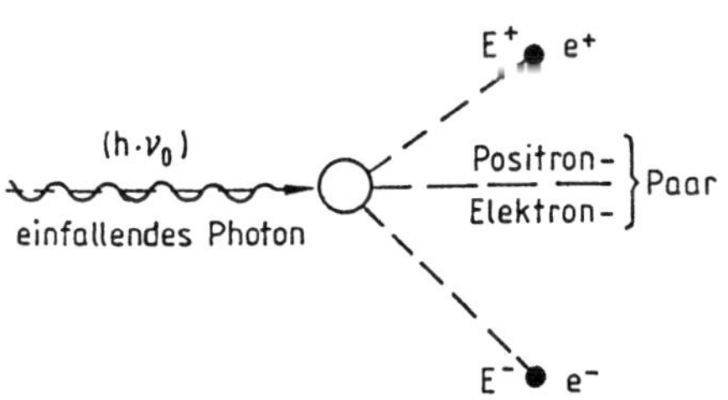

Abb. 2.5: Schematische Darstellung des Paarerzeugungs-Effektes.

und der Massenschwächungskoeffizient

$$\mu_K = \frac{K}{\rho} = K_p \cdot \frac{6{,}025 \cdot 10^{23}}{A} \quad \text{in } cm^2 g^{-1} . \tag{2.21}$$

2.2.4 Totaler Massenschwächungskoeffizient

Die Wahrscheinlichkeit, mit der ein Photon einen Absorber der Dicke x durchquert, ohne eine Compton-Wechselwirkung zu erfahren, ist gerade $e^{-\sigma x}$, für den Photoeffekt $e^{-\tau x}$ und für den Paarbildungsprozeß $e^{-\kappa x}$. Daher ist ein gebündelter (kollimierter) Photonenstrahl der Intensität I_0 nach Durchlaufen einer Strecke x geschwächt auf

$$I = I_o \cdot e^{-\sigma x} \cdot e^{-\tau x} \cdot e^{-\kappa x} = I_o \cdot e^{-(\sigma + \tau + \kappa)x} \tag{2.22}$$

oder

$$I = I_o \cdot e^{-(\mu_\tau + \mu_c + \mu_\kappa)(x \cdot \rho)} . \tag{2.23}$$

Das ist der totale lineare Massenschwächungskoeffizient μ.

$$\mu = \mu_\tau + \mu_c + \mu_\kappa . \tag{2.24}$$

Dieser Koeffizient als Funktion der Energie des einfallenden Photons ist in Abb. 2.6 für verschiedene Materialien zu sehen [5].

Aus Abb. 2.7 sind in Abhängigkeit von der Energie Kurven gleicher Wahrscheinlichkeit für Photo- und Compton-Effekt einerseits und Compton- und Paarbildungs-Effekt andererseits für verschiedene Z des Absorbers aufgetragen [7]. Es existieren Bereiche mit klarer Dominanz der unterschiedlichen WW. Für Si mit Z = 14 dominiert der Compton-Effekt zwischen 0,1 und 10 MeV Photonenenergie.

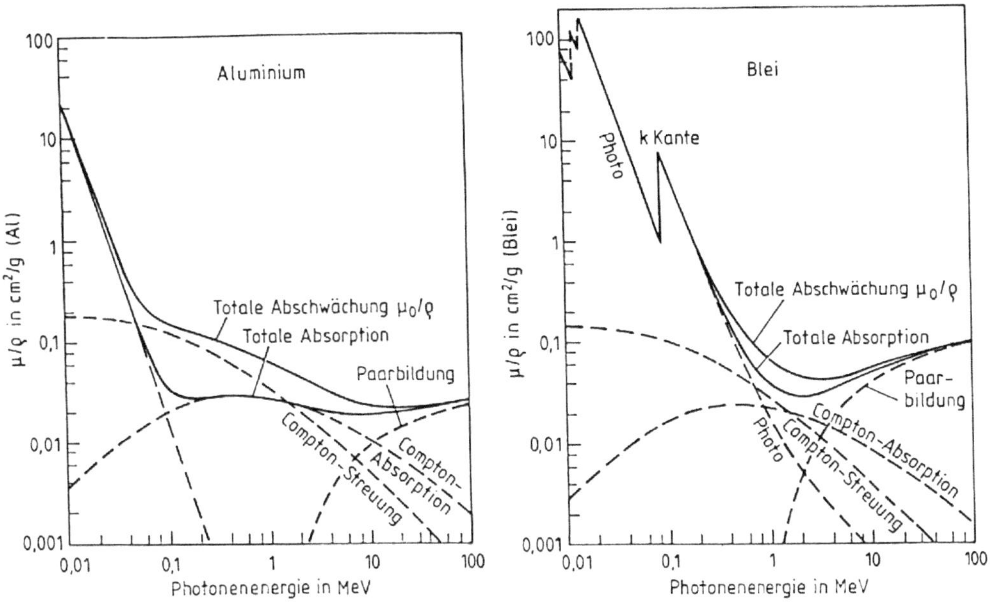

Abb. 2.6: Der totale lineare Massenschwächungskoeffizient als Funktion der Energie für Aluminium und Blei [5]

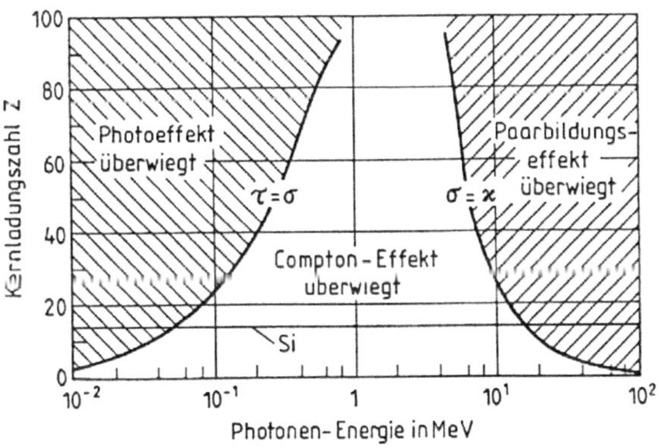

Abb. 2.7: Linien gleicher Wahrscheinlichkeit für Photoeffekt, Compton-Effekt einerseits und Compton-, Paarbildungs-Effekt andererseits als Funktion der Energie und der Kernladungszahl [7]

2.2.5 Mischstoffe

Besteht ein Stoff aus mehr als einem Element, dann ist der gemeinsame Massenschwächungskoeffizient

$$\frac{\mu}{\rho} = \frac{\mu_1}{\rho_1} w_1 + \frac{\mu_2}{\rho_2} w_2 + \dots , \tag{2.25}$$

wobei w_i die Gewichtsanteile der Absorbermaterialien sind. Hierbei ist $w_1 + w_2 + \dots = 1$.

2.3 Elektronen

2.3.1 Vorbemerkungen

Ob ein Teilchen relativistisch behandelt werden muß, entscheidet seine kinetische Energie. Ist diese im Bereich der Ruheenergie des Teilchens oder größer, dann muß relativistisch gerechnet werden. Die Ruheenergie ist $m_o c^2$, wobei m_o die Ruhemasse und c die Lichtgeschwindigkeit ist.

Elektronen	Restenergie =	0,511	MeV
Protonen/Neutronen	Restenergie ≈	1	GeV
Ionen	Restenergie ≈	A	(GeV),

wobei A das Atomgewicht bedeutet. Hieraus ist ersichtlich, daß nur Elektronen (andere Teilchen nur bei extrem hohen Energien) relativistisch behandelt werden müssen.

Einige Beziehungen:

$$m = m_o \cdot \frac{1}{\sqrt{1-\beta^2}} \quad \text{mit} \quad \beta = \frac{v}{c}$$

$$E = E_{ges} - m_o c^2 = m_o c^2 \left(\frac{1}{\sqrt{1-\beta^2}} - 1\right)$$

$$E_{ges} = \frac{m_o c^2}{\sqrt{1-\beta^2}} = mc^2$$

$$p = m \cdot v = m_o c \frac{\beta}{\sqrt{1-\beta^2}}$$

2.3.2 Stoßgesetze

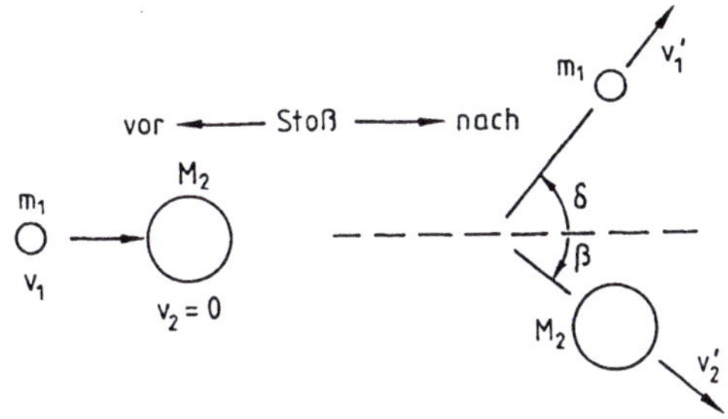

Abb. 2.8: Schematische Darstellung der Stoßgesetze

Impuls- und Energieerhaltungssatz:

$$m_1 v_1 = m_1 v_1' \cos\delta + M_2 v_2' \cos\beta \tag{2.26a}$$

$$0 = m_1 v_1' \sin\delta - M_2 v_2' \sin\beta \tag{2.26b}$$

$$\frac{m_1 v_1^2}{2} + \Delta E = \frac{m_1 v_1'^2}{2} + \frac{M_2 v_2'^2}{2} . \tag{2.26c}$$

ΔE ist hierbei die bei dem Stoßvorgang abgegebene Reaktionsenergie. Im Falle eines elastischen Stoßes ist $\Delta E = 0$.

Allgemein geschrieben ist

$$p_1 = p'_1 \cos\delta - p'_2 \cos\beta \tag{2.27a}$$

$$0 = p'_1 \sin\delta - p'_2 \sin\beta \tag{2.27b}$$

$$E_1 + \Delta E = E_1{}' + E_2{}' \, . \qquad (2.27c)$$

Ungestrichene Größen sind die Größen vor dem Stoß, gestrichene Größen diejenigen nach dem Stoß.

Noch allgemeiner ausgedrückt ($p^2 = 2mE$):

$$\sqrt{m_1 E_1} = \sqrt{m_1 E_1{}'} \cos\delta + \sqrt{M_2 E_2{}'} \cos\beta \qquad (2.28a)$$

$$0 = \sqrt{m_1 E_1{}'} \sin\delta + \sqrt{M_2 E_2{}'} \sin\beta \qquad (2.28b)$$

$$E_1 + \Delta E = E_1' + E_2' \, . \qquad (2.28c)$$

Aus den Gleichungen (2.26a-2.26c, 2.27a-2.27c, 2.28a-2.28c) kann man Parameterpaare auflösen, die die Stoßgeschichte beschreiben.

Beispiel: Für $m \ll M$ kann der maximale Energieübertragungsbetrag für den elastischen Stoß ($\Delta E = 0$) bestimmt werden; $\beta = 0, \delta = 180°$ (Zentralstoß).

$$\sqrt{m_1 E_1} = - \sqrt{m_1 E_1'} + \sqrt{M_2 E_2'} \qquad (2.29)$$

$$E_1 = E_1' + E_2' \qquad (2.30)$$

nach Rechnung

$$E'_1 = E_1 \left(\frac{(m_1 - M_2)^2}{(m_1 + M_2)^2} \right) \qquad (2.31)$$

bzw.

$$E_2' = 4E_1 \left(\frac{m_1 \cdot M_2}{(m_1 + M_2)^2} \right) . \qquad (2.32)$$

E'_2 ist die auf M_2 maximal zu übertragende Energie. Für relativistische Elektronen modifiziert sich Gleichung (2.32) zu

$$E_2' = 4E_1 \cdot \frac{m_o}{M_2}\left(1 + \frac{E_1}{2m_o c^2}\right). \tag{2.33}$$

Mit Hilfe der Stoßgesetze können eine Reihe von Vorgängen erklärt werden (z.B. Schwellenergie für Verlagerungen).

2.3.3 Coulomb-Wechselwirkung

Für geladene Teilchen, die mit den Hüllenelektronen oder dem Kern in Wechselwirkung treten, ist diese "Harte Kugel"-Näherung jedoch nicht aussagekräftig genug. Es müssen (abgeschirmte) Coulomb-Potentiale eingeführt werden, die eine Beschreibung des Wirkungsquerschnitts zulassen. Dies soll im folgenden qualitativ beschrieben werden (Abb. 2.9).

Ein Teilchen (Energie E_1, Ladung $z \cdot e$, Masse m_1) tritt in das Coulomb-Feld ein. Dabei wirkt die Coulomb-Kraft

$$K = \frac{(z \cdot e)(Z \cdot e)}{\Delta x^2}. \tag{2.34}$$

Sein Impuls $K \cdot \Delta t$ mit $\Delta t = \Delta x / v_1$ wirkt auf die Masse m_2 (Energie $E_2 = 0$, Ladung $Z \cdot e$) und bewirkt eine Energieübertragung $\Delta E = E'_2 = p^2/2m_2$.

$$\Delta E = E_2' = \frac{p^2}{2m_2} = \frac{(ze)^2 (Z \cdot e)^2}{2(\Delta x)^2 v_1^2 m_2} \tag{2.35}$$

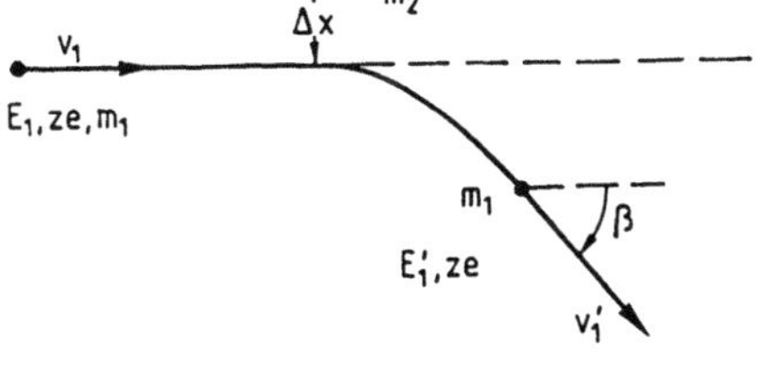

Abb. 2.9: Darstellung eines Streuvorgangs mit Hüllenelektronen

Impulsübertrag erfolgt ~ m_2^{-1}, d.h. Impulsübertrag auf kleine Massen dominiert (Hüllenelektronen).

Man kann einen Wirkungsquerschnitt definieren

$$\sigma = (\Delta x)^2 \cdot \pi \tag{2.36}$$

sowie den differentiellen Wirkungsquerschnitt

$$\frac{d\sigma}{dE'_2} = 2\pi\Delta x \cdot \frac{d(\Delta x)}{dE'_2} = \pi \frac{d}{dE'_2}(\Delta x^2) \tag{2.37}$$

und erhält

$$\frac{d\sigma}{dE'_2} = -\frac{\pi(z\cdot e)^2\cdot(Z\cdot e)^2}{2v_1^2 m_2}\cdot\frac{dE'_2}{E'^2_2}\,. \tag{2.38}$$

Damit läßt sich der Energieverlust des einfliegenden Teilchens pro Weglänge berechnen:

$$\left(\frac{dE_1}{dx}\right)_I = N\cdot Z\int_{E'_{2min}}^{E'_{2max}} E'_2\left(\frac{d\sigma}{dE'_2}\right)dE_2' = -\frac{\pi}{2}\frac{z^2Z^2e^4}{v_1^2m_2}NZ\ln\left(\frac{E'_{2max}}{E'_{2min}}\right). \tag{2.39}$$

Die quantenmechanische Behandlung des Problems (Bethe) ergibt einen zusätzlichen Faktor, so daß die endgültige Formel für die Abbremsung pro Weglänge durch Ionisation die folgende Form hat:

$$-\left(\frac{dE_1}{dx}\right)_I = \frac{4\pi e^4 z^2}{v_1^2 m_2} NZ\cdot\ln\left(\frac{E'_{2max}}{E'_{2min}}\right) \quad (\text{erg/cm}). \tag{2.40}$$

Die Maximal-Energie ist einfach anzugeben (s. z.B. Gl. (2.32)), die minimal übertragbare Energie ist schwierig zu formulieren. Hierzu wird ein mittleres Anregungspotential (Ionisierungspotential) I herangezogen, welches mit der Kernladungszahl Z in folgender Form verbunden ist.

Tabelle 2.1: Korrekturfaktor B

B-Faktor	Bemerkung
$\ln\left(\frac{2m_o v_1^2}{I}\right)$	nicht relativistisch
$\frac{1}{2}\ln\left(\frac{2m_o\ v_1^2 E'_{2max}}{I^2(1-\beta^2)} - 2\beta^2 - \frac{C_k}{Z}\right)$	relativistisch, schwere geladene Teilchen (C_k siehe Text Seite 34)
	mit $E'_{2max} = E_1\left(\frac{1+(2m_oc^2/E_1)}{1+(M_1+m_o)^2c^2/2m_oE_1}\right)$
$\frac{1}{2}\ln\left(\frac{2m_o v_1^2 E'_{2max}}{I^2(1-\beta^2)} - \beta^2\right)$	relativistisch, Elektronen

Zur rechnerischen Erleichterung

$$\left(\frac{dE_1}{dx}\right) = 4\pi r_o^2\,\frac{m_oc^2}{\beta^2}\cdot N\cdot Z\left\{\ln\frac{m_o v_1^2 E_1}{I^2(1-\beta^2)} - \beta^2\right\} \qquad \text{(MeV/cm)}$$

$$\text{mit}\qquad 2\pi r_o^2 = 10^{-24}\text{cm}^2;\ \beta^2 = \left(\frac{v_1}{c}\right)^2 = 1 - \left[\frac{E_1}{m_oc^2} + 1\right]^{-2}$$

$$N\cdot Z = N_A\cdot\frac{Z\cdot\rho}{A}\ \text{Elektronen pro cm}^3\ ;\quad I = \left(11\pm 3\right)\cdot Z$$

$$m_oc^2 = 0{,}511\ \text{MeV}$$

$$I \approx 11{,}5 \cdot Z\,(eV) \qquad Z \geq 13$$

oder

$$I \approx 9{,}1 \cdot Z\,(1 + 1{,}9 \cdot Z^{-2/3}) \qquad (eV)$$

Allgemein wird das Massenbremsvermögen S dargestellt als

$$S_{Stoß} = -\frac{1}{\rho}\left(\frac{dE_1}{dx}\right)_I = \frac{4\pi z^2 e^4}{v_1^2 m_2} \cdot \frac{N_A \cdot Z}{A} \cdot B\,, \qquad (2.41)$$

wobei B ein Korrekturfaktor ist, der für verschiedene Fälle in der Tabelle 2.1 angegeben ist.

In Gl. (2.41) ist das Massenbremsvermögen von Z/A abhängig, d.h. in der Darstellung von $S_{Stoß}$ = f(E) sollte das Material keinen dominierenden Einfluß haben. In Abb. 2.10 ist $S_{Stoß}$ über der Energie für Elektronen dargestellt [7].

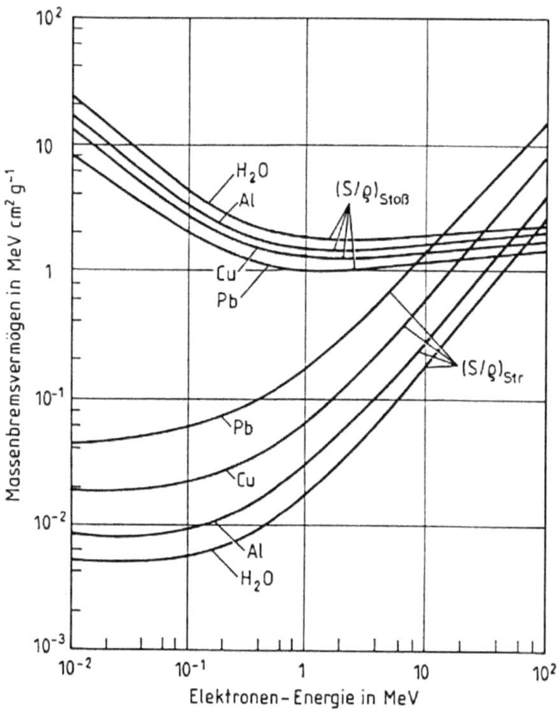

Abb. 2.10: Massenbremsvermögen und Bremsstrahlungserzeugung von Elektronen als Funktion der Energie für verschiedene Materialien [7]

In Abb. 2.10 ist ebenfalls das Massenbremsvermögen S_{Str} durch die Abbremsung der Elektronen durch Bremsstrahlungserzeugung zu sehen. S_{Str} wird folgendermaßen angegeben:

$$S_{Str} = \frac{4r_o^2Z^2}{137} \cdot \frac{N_A}{A} E_g\left(\log 183 \cdot Z^{-1/3} + \frac{1}{18}\right). \tag{2.42}$$

Hierbei ist $E_g = E_o + m_oc^2$ die Gesamtenergie des Elektrons und A = A (g/mol) und $N_A = 6{,}025 \cdot 10^{23}$ Atome/mol die Avogadro-Zahl.

Der Gesamtenergieverlust ist demnach

$$\frac{dE}{dx} = \left(\frac{dE}{dx}\right)_{Stoß} + \left(\frac{dE}{dx}\right)_{Str}$$

Die Energie, bei der die Bremsstrahlung dominierend wird, ist

$$E_{krit} = \frac{800}{Z + 1{,}2} \quad (MeV) . \tag{2.43}$$

2.3.4 Reichweite

Durch die starken Streuereignisse, die ein Elektron beim Durchgang durch die Materie erfährt, ist eine Reichweite nur schwer zu definieren:

$$\rho \cdot R = \int_0^{E_{max}} \frac{1}{S_{Stoß} + S_{Str}} dE . \tag{2.44}$$

Gl. (2.44) ist dabei ein Näherungswert für die mittlere Reichweite. Interessieren tut im allgemeinen die projizierte mittlere Reichweite $\rho \cdot R_p$. Abb. 2.11 gibt die verschiedenen Definitionen von Reichweiten an [8].

In Abb. 2.12 sind Meßwerte der praktischen Reichweite $\rho \cdot R_p$ dargestellt [9].

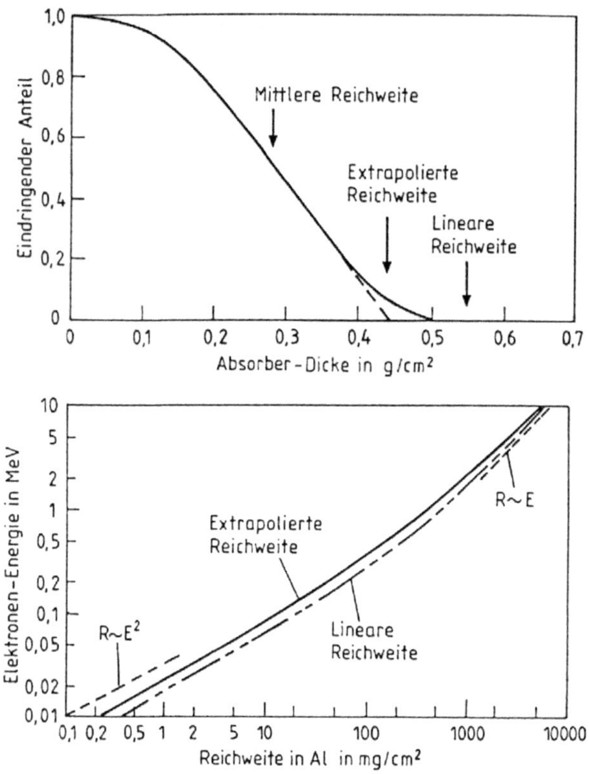

Abb. 2.11: Definitionen der Reichweite von Elektronen im Material [8]

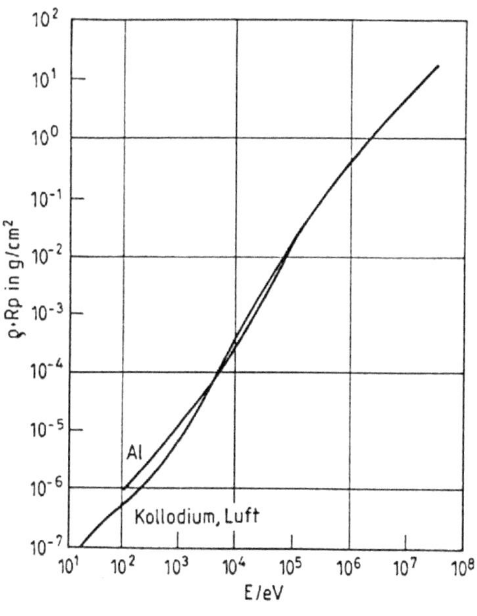

Abb. 2.12: Experimentelle Werte der Reichweite von Elektronen als Funktion der Energie [9]

2.4 Protonen und schwere Ionen

2.4.1 Vorbemerkungen

Protonen und schwere Ionen übertragen ihre Energie im wesentlichen durch inelastische Stöße auf Atome. Relativistische Effekte spielen keine Rolle. Bei sehr hohen Energien treten dagegen Kernanregungen auf. Bei der Abbremsung werden die Atome ionisiert.

2.4.2 Bremsvermögen

Für schwere geladene Teilchen ist der Energieverlust pro Weglänge [10]

$$S = -\frac{1}{\rho}\frac{dE}{dx} = \frac{4\pi q^4 z^2}{m_o v^2}\cdot\frac{N_A Z}{A}\left[\ln\frac{2m_o v_1^2 E_1}{I^2(1-\beta^2)} - 2\beta^2 - C_k\right] \tag{2.45}$$

q = Elementarladung, z = Ladungszahl des Ions, v_1 = Geschwindigkeit des Ions, ρ = Dichte, Z = Kernladungszahl und A das Atomgewicht in g/mol des Absorbers.

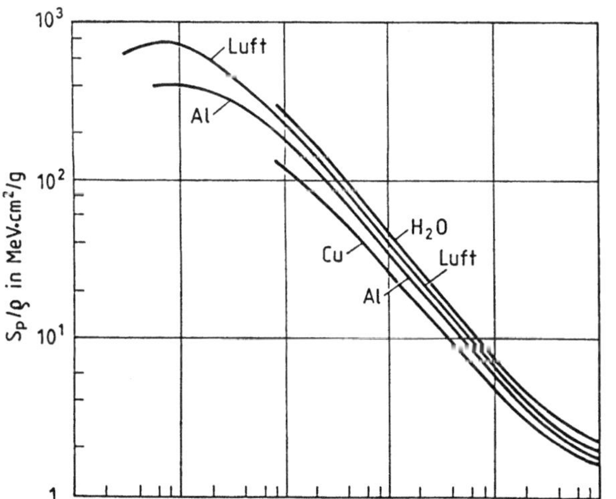

Abb. 2.13: Massenbremsvermögen für Protonen als Funktion der Energie für verschiedene Materialien [11]

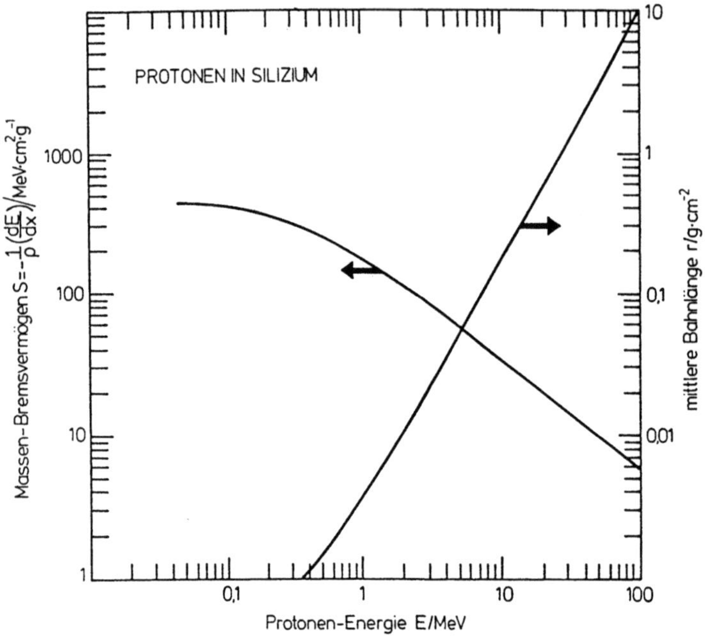

Abb. 2.14: Massenbremsvermögen und mittlere Bahnenlänge von Protonen in Silizium als Funktion der Energie [8]

I ist die mittlere Anregungsenergie der Atome des Absorbermaterials und C_k ein Korrekturglied, welches das Bremsvermögen in einen Zusammenhang von v des Teilchens mit der Umlaufgeschwindigkeit v_e der Hüllenelektronen bringt.

In Abb. 2.13 ist das Massenbremsvermögen S_{coll} für Protonen in verschiedenen Materialien dargestellt, in Abb. 2.14 für Silizium.

Aus Gl. (2.45) ist die Möglichkeit der Umrechnung bekannter Werte für das Material n in Werte für das Material p und ebenso Umrechnungen für das Teilchen 1 in Werte für das Teilchen 2 angegeben. (B ist Korrekturfaktor in Gl. 2.41, z ist Landungszahl des Primärteilchens, Z ist Kernladungszahl des Absorbers.

Gleiche Teilchen und Energie, anderes Material:

$$\frac{\frac{1}{\rho_p}\left(\frac{dE_1}{dx}\right)_p}{\frac{1}{\rho_n}\left(\frac{dE_1}{dx}\right)_n} = \frac{\left(\frac{Z}{A}\cdot B\right)_p}{\left(\frac{Z}{A}\cdot B\right)_n} . \tag{2.46}$$

Gleiches Material, andere Teilchen, andere Energie:

$$\frac{\left(\frac{dE_1}{dx}\right)_2}{\left(\frac{dE_1}{dx}\right)_1} = \frac{\left(z/v_1\right)_2^2 \cdot B_2}{\left(z/v_1\right)_1^2 \cdot B_1} . \tag{2.47}$$

In Abb. 2.15 ist S für "langsame" und "schnelle" Teilchen gezeigt [12].

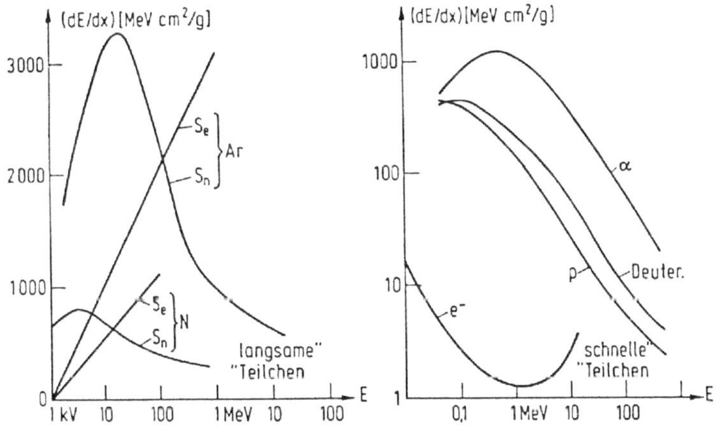

Abb. 2.15: Massenbremsvermögen von "langsamen" und "schnellen" Teilchen in Silizium als Funktion der Energie [12]

2.4.3 Reichweite

Die schweren Teilchen werden im Absorber weitaus weniger gestreut als Elektronen. Daher ist die Bahnlänge der Teilchen nicht mehr so sehr verschieden von der Reichweite (Abb. 2.16).

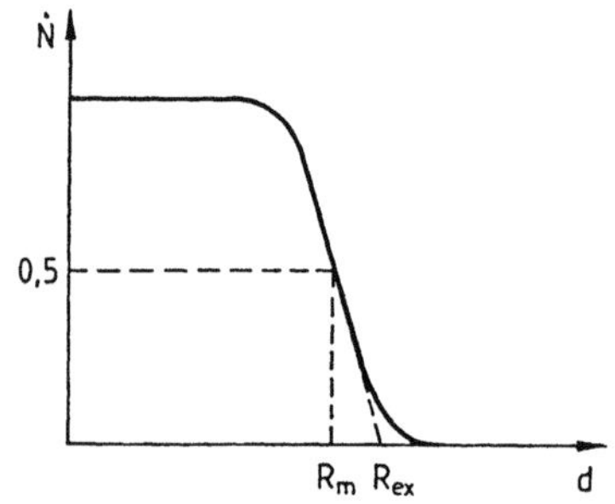

Abb. 2.16: Darstellung der Reichweite von Protonen in Silizium [7]

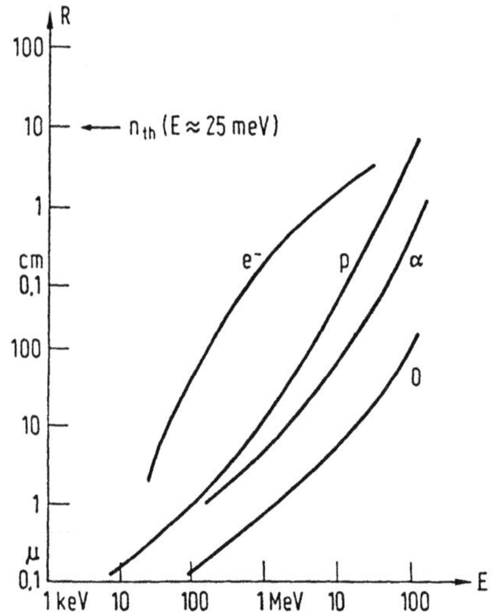

Abb. 2.17: Reichweiten verschiedener Teilchen in Silizium als Funktion der Energie [12]

In Abb. 2.14 ist die Reichweite von Protonen im Silizium angegeben (in gcm^{-2}) und in Abb. 2.17 für "leichte" und "schwere" Teilchen.

Mögliche Umrechnungen auf andere Materialien und andere Teilchen gewinnt man aus:

Gleiche Teilchen und Energie, anderes Material:

$$\frac{(\rho R)_p}{(\rho \cdot R)_n} = \frac{\left(\frac{Z}{A} \cdot B\right)_p}{\left(\frac{Z}{A} \cdot B\right)_n} . \qquad (2.48)$$

Gleiches Material, anderes Teilchen und Energie:

$$\frac{(\rho \cdot R)_2}{(\rho \cdot R)_1} = \frac{\left(\frac{z}{v_1}\right)_1^2 \cdot B_1}{\left(\frac{z}{v_1}\right)_2^2 \cdot B_2} . \qquad (2.49)$$

2.5 Neutronen

Streuung und Absorption sind die zwei hauptsächlichen Effekte der Wechselwirkung zwischen Neutronen und Material. Der Streuvorgang ist analog zur Photonen-Streuung: Das Neutron bleibt frei mit reduzierter Energie und ein Teil seiner Energie ist an das Atom abgegeben, mit dem es kollidiert ist.

Der Absorptionsprozeß ist ebenso analog zur Photonenabsorption: Das Neutron verschwindet und neue Teilchen werden erzeugt. Das vom Atom absorbierte Neutron erzeugt einen angeregten Kern. Wenn diese Anregungsenergie die Bindungsenergie des Atoms übersteigt, kann einer der folgenden Prozesse starten:

- Teilchen emittiert (n,p) Proton
  (n,α) Alpha-Teilchen
  (n,β) Beta-Teilchen
- Photon emittiert (n,γ)
- Kernspaltung Auseinanderbrechen eines Kerns in Kerne niedrigeren Atomgewichts

Der Streuprozeß kann in inelastische und elastische Streuung unterteilt werden. Neutronen hoher Energie werden zunächst inelastische Streu-Prozesse machen und γ-Quanten erzeugen. Wenn ihre Energie zu gering wird, um Kerne anzuregen, dann kann nur noch elastische Streuung auftreten.

Die Energie eines Neutrons nach einem elastischen Streuprozeß ist

$$E'_{1max} = E_1 \cdot r \quad ; \qquad E'_{1mean} = E_1 \frac{1+r}{2} \tag{2.50}$$

$$\text{mit} \qquad r = \left(\frac{A-1}{A+1}\right)^2 \tag{2.51}$$

<u>Zahlenbeispiel:</u>

Ein 1 MeV-Neutron überträgt 70 keV an ein Silizium-Atom, um es zu verlagern (Gl. (2.32)). Das Neutron behält also 93 % seiner Energie. Das 70 keV-Silizium-Atom wird zunächst Ionisationsprozesse machen, bis es etwa auf 30 keV abgebremst ist. Angesichts der Bindungsenergie des Siliziums von etwa 15 eV kann es dann noch etwa 2000 Si-Verlagerungen durchführen.

3 Schädigungsmechanismen im Silizium und Siliziumdioxid

3.1 Vorbemerkungen

Die im vorigen Kapitel übersichtsartig beschriebenen Primärprozesse der WW zwischen Strahlung und Materie führen in einem geordneten Material (HL-Kristall) zu einer Deposition von Energie in grundsätzlich zwei verschiedenen Arten:

- Verlagerung von Gitteratomen mit daraus resultierenden Veränderungen der elektrischen HL-Parameter und
- Erzeugung von Elektron-Loch-Paaren.

Die dabei entstehenden Gitterdefekte (Verlagerung) sind von unterschiedlicher Komplexität und thermischer Stabilität. Ein sehr wichtiger Gesichtspunkt bei der Betrachtung der Strahlungsschädigung ist, daß die entstandenen Gitterdefekte unter thermischer und elektronischer Behandlung ausheilen können, aber sich auch zu anderen (i.a. stabileren) Defektkomplexen arrangieren können. Hierbei sind nicht nur Typ und Eigenschaft der primären Strahlung wichtig, sondern auch Typ und spezifischer Widerstand sowie Überschuß an freien elektrischen Ladungsträgern beim HL-Material maßgebend.

Die Beschreibung der "permanenten" Schädigung eines HL-Materials infolge Strahlung ist daher ein außerordentlich komplexer Vorgang und soll im folgenden für das Halbleiter-Material Silizium beschrieben werden.

Die daneben auftretende Ionisationsschädigung führt im Silizium und Siliziumdioxid zur Erzeugung von Elektron-Loch-Paaren. Im Silizium kommt es daher zu einer Anhebung der Dichte von Majoritäts- und Minoritätsträgern, die die Fotoleitfähigkeit erhöhen und damit den Widerstand des Materials verringern. Bei nicht zu hohen Dosisraten D sind das transiente Vorgänge, proportional zu D, die daher nach Beendigung der Bestrahlung mit charakteristischen Zeitkonstanten abklingen.

Im Siliziumdioxid treten qualitativ gleiche Vorgänge auf, die Sekundäreffekte sind jedoch komplizierter, da sie mit dem Aufbau von Ladungen im Isolator und mit der Erhöhung von Phasengrenzzuständen an der Si/SiO_2-Phasengrenze verbunden sind. Darüber wird in einem eigenen Abschnitt 3.4 gesprochen.

Die Ionisationswirkung schwerer Ionen kann die transienten Vorgänge beim Abbremsen mit der damit verbundenen Erzeugung von Elektron-Loch-Paaren zu permanenten Zuständen in logischen Schaltkreisen überführen. Da diese Art der Schädigung (Lokalisierte Schädigungsereignisse) jedoch abhängig von Bauteil und Schaltung ist, wird sie in Abschnitt 4.4 gesondert behandelt.

3.2 Permanente Defekte im Silizium

Wie in Kap. 2 beschrieben, können energetische Photonen, geladene Teilchen und Neutronen zur Verlagerung von Gitteratomen führen.

Im Fall der Photonen sind es die gestreuten Compton-Elektronen, die die Verlagerung bewirken können.

Sobald eine minimale Energie E_D = 15(...25)eV übertragen wird, findet eine Verlagerung statt.

Aufgrund der unterschiedlichen Impulsübertragung sind hierfür unterschiedliche Schwellwerte der Primärenergie notwendig:

$$\begin{array}{lll} \text{Elektronen} & \approx 170\ \text{keV} & \\ \text{Protonen} & \approx 100\ \text{eV} & \text{für Si.} \end{array}$$

In Abb. 3.1 ist auch die unterschiedliche Defekt-Generation angedeutet: Energiereiche Protonen und Neutronen erzeugen aufgrund ihres hohen Impulsübertrages ausgedehnte Defektregionen, Elektronen dagegen nur isolierte Defekte (Neutronen können darüber hinaus durch Kernwechselwirkung angeregte Zustände oder/und Kernumwandlungen erzeugen). Die Wirkung von Ionen ist

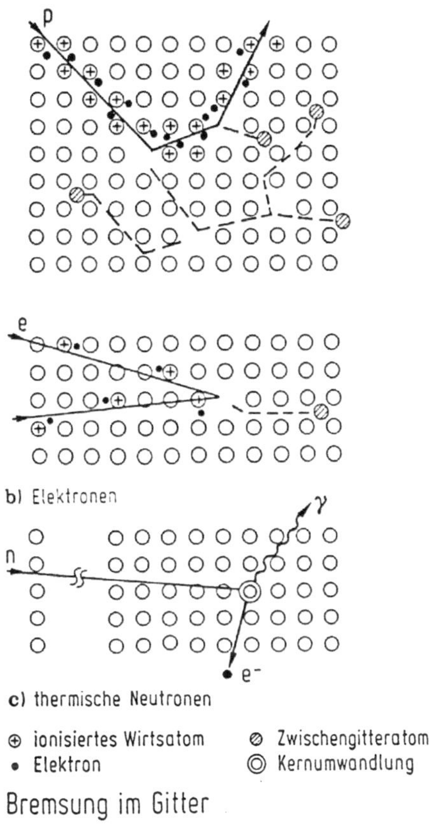

Abb. 3.1: Unterschiedliche Wirkung verschiedener Teilchen in Kristallgitter [12]

- Einfache Defekte (Punktdefekte) (isolated or point defects)
  - Gitterleerstellen (vacancies)
  - Doppelleerstellen (di-vacancies)
  - Leerstelle-Verunreinigungs-Komplex (vacancy impurity complex)
  - Zwischengitter-Defekt (interstitial)
  - Doppel-Zwischengitter-Defekt (di-interstitial)
  - Zwischengitter-Verunreinigungs-Komplex (interstitial impurity complex)
- Defekt-Cluster (ausgedehnte Defekte)

Abb. 3.2: Strahlungsinduzierte Defekte

der der Protonen qualitativ ähnlich. Bei der Klassifizierung der erzeugten Defekte unterscheidet man zwischen Punkt- und ausgedehnten Defekten (Abb. 3.2).

Einfache Defekte werden daher als Punkt- oder isolierte Defekte bezeichnet. Hierzu gehören:

- Verlagerte Atome auf Zwischengitterplätzen: Zwischengitter-Defekt (interstitial).
- Zurückgelassene Gitterfehlstellen (vacancy, di-vacancy).
- Dicht benachbarte Zwischengitteratome und Gitterfehlstellen werden als Frenkel-Paar (close pair) bezeichnet.
- Gitterfehlstellen-Dotierungskomplex wird als E-Zentrum (vacancy-donor-complex) bezeichnet.
- Gitterfehlstelle und Sauerstoffatom (vacancy-oxygen-complex) wird als A-Zentrum bezeichnet.

Ausgedehnte Defekte (bis > 1000 Gitteratom-Verlagerungen) werden als Cluster bezeichnet.

Abb. 3.3 zeigt drei Arten von einfachen Defekten und Abb. 3.4 die Konfigurationen von E-, A-Zentrum und Doppelfehlstelle [13].

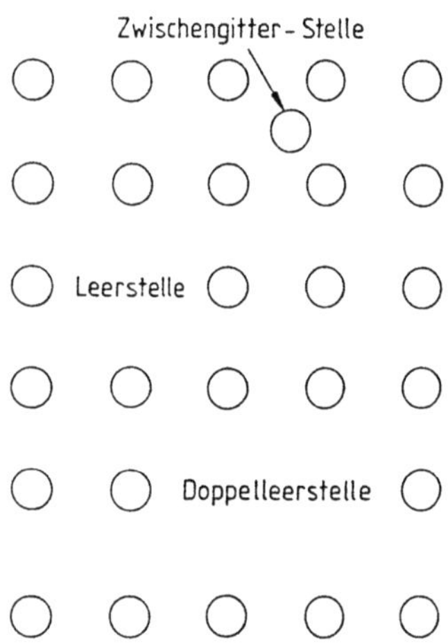

Abb. 3.3: Darstellung einfacher Störstellen im Siliziumgitter

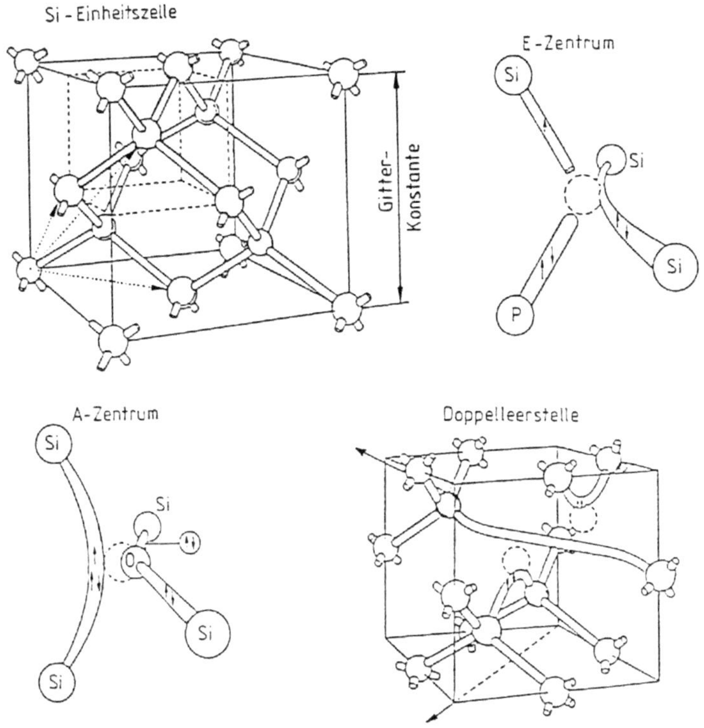

Abb. 3.4: Konfigurationen komplexerer Störstellen im Silizium [13]

E-Zentrum: Das Einfangen einer Fehlstelle durch einen regulären Phosphor-Term, der eine sehr flache Energie im verbotenen Band aufweist, führt über eine energetische Verschiebung zu einem tiefen Energieniveau im verbotenen Band und zur Erzeugung eines neutralen Zentrums.

A-Zentrum: Ein Sauerstoff-Atom verbindet zwei aufgebrochene Bindungen in unmittelbarer Nähe einer Leerstelle, und die zwei verbleibenden Bindungen arrangieren sich mit zwei anderen Atomen, die der Leerstelle am nächsten liegen. Das zusätzlich eingefangene Elektron befindet sich in der Nähe der Umlaufbahn der gepaarten Valenzelektronen.

Doppelleerstelle (di-vacancy):
(a) Einfang von Elektronen (Aktzeptorcharakter) oder
(b) Einfang von Löchern (Donatorcharakter) abhängig vom Fermi-Niveau.
Zu (a): amphoterer Ladungscharakter
Zu (b): neutral und positiv.

Die in Abb. 3.4 dargestellten Defekte sind Resultate von Elektronen-Spin-Resonanz-Messungen (ESR). Die ESR beruht darauf, daß ungepaarte Elektronen in einem Wechselmagnetfeld Übergänge von einem Zeemann-Zustand in einen anderen ausführen können. Die durch Bestrahlung erzeugten Defekte sind i.a. mit ungepaarten Elektronen behaftet, so daß hier durch ESR-Messungen Aufschluß über die Symmetrie-Eigenschaften von Defekten erhalten werden kann. Insbesondere auch Umordnungen und deren Abhängigkeit von Temperatur und Ladungszustand können untersucht werden.

Neben ESR-Messungen, Photoleitfähigkeit, IR-Absorption und Hall-Effekt-Messungen ist die DLTS (Deep Level Transient Spectroscopy) außerordentlich erfolgreich in der Charakterisierung von strahlungserzeugten isolierten Defekten. Die Vorteile sind gegenüber anderen Methoden:

- Hohe Empfindlichkeit (orientiert an der Dotierung) gestattet die Charakterisierung "verdünnter" Defekt-Konzentrationen.
- Dipolare Defekte können beobachtet werden.
- Umordnungsvorgänge als Funktion der Temperatur sind im Verfahren enthalten.
- Nicht beschränkt auf ungepaarte Elektronen (eventueller Nachteil: Feldabhängigkeit des Emissionsvorganges, d.h. Unschärfe in E und ΔE).

In Abb. 3.5 sind die Ergebnisse derartiger Untersuchungen für Silizium als Folge von 1-10 MeV Elektronenbestrahlung und aus Zuordnungen mit ESR-Messungen zu sehen [14]. Abb. 3.5a zeigt Defekte des Si-Materials bezogen auf Si, O, C (Hintergrund), Abb. 3.5b Defekte im Zusammenhang mit Dotierungsstoffen.

Ein bekanntes Prinzip der Halbleiter-Physik ist, daß Defekte im Kristall-Gitter zu diskreten Energie-Leveln führen, die innerhalb des verbotenen Bandes liegen können. Jede Störung des Gitters kann Energie-Niveaus im verbotenen Band erzeugen. Strahlungserzeugte Defekte haben ebenfalls diese Eigenschaften und sie sind es, die die elektrischen Eigenschaften des Halbleiters ändern. Die grundsätzlichen Mechanismen für das elektrische Verhalten von Bauelementen in strahlungsbelasteter Umgebung sind daher:

1) Das einfallende Teilchen verlagert ein Gitteratom.
2) Der hierdurch entstehende Defekt führt zu einem neuen Energie-Niveau, und
3) diese Niveaus verändern das elektrische Verhalten.

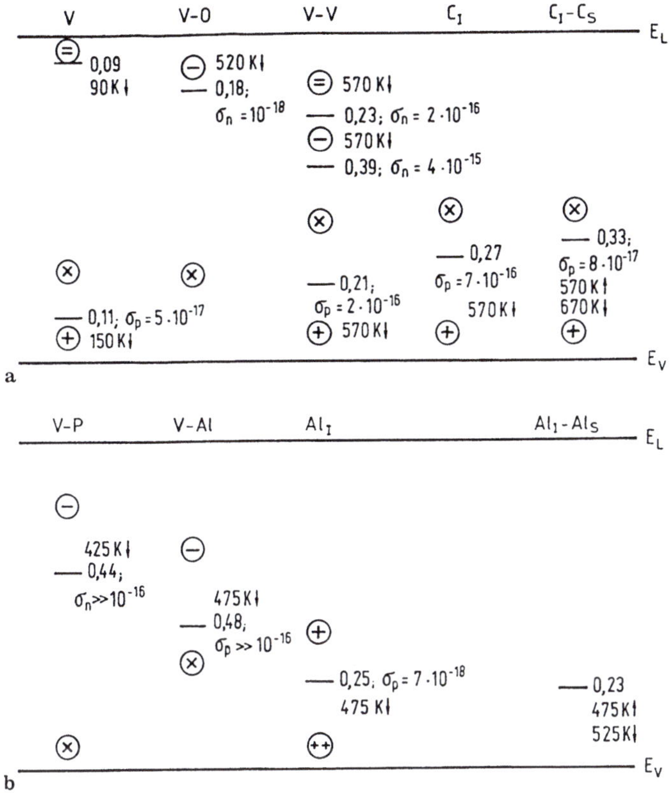

Abb. 3.5: Energetische Lage in eV von Defekten in Silizium, gemessen mit Hilfe der DLTS. Eingetragen sind ebenfalls Einfangquerschnitte in cm² und Entstehungs- oder Ausheiltemperaturen. (a) Intrinsische Defekte, (b) extrinsische Defekte [14]. Erklärung: Angegebene Werte der energetischen Lage beziehen sich auf E_C-E in der oberen Hälfte des verbotenen Bandes und E-E_V im unteren Teil. Pfeile deuten auf das Entstehen (↑) oder Verschwinden (↓) der Defekte hin.

In Abb. 3.6 sind die grundsätzlichen fünf Effekte beschrieben, die auftreten können als Resultat von durch Bestrahlung erzeugten Defekten, deren Energie Niveaus im verbotenen Band des Halbleiters liegen:

① Generation: beschreibt die thermische Generation von Elektron-Loch-Paaren durch ein Energie-Niveau in der Nähe von Midgap. Dieser Prozeß kann als thermische Anregung eines gebundenen Valenzband-Elektrons zum Defekt-Zentrum betrachtet werden und die anschließende Anhebung dieses Elektrons ins Leitungsband. Hierbei wird ein freies Elektron-Loch-Paar erzeugt.

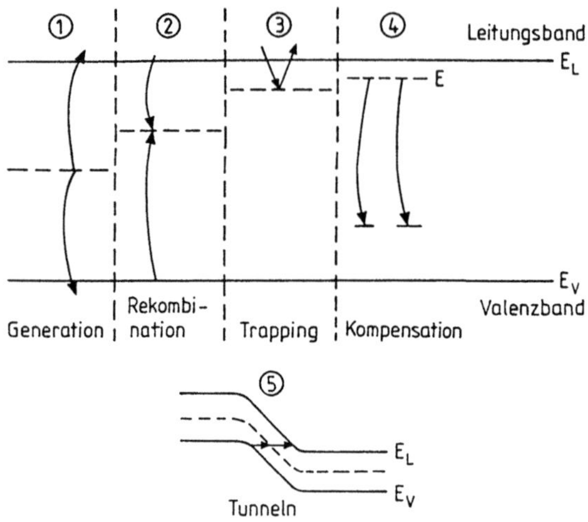

Abb. 3.6: Grundsätzliche Wirkung von Störstellen im verbotenen Band des Siliziums

Ebenso kann es betrachtet werden als Emission eines Loches vom Zentrum gefolgt von einer Elektronenemission. Nur Zentren nahe Midgap sind in der Lage, nennenswert zur Ladungsträger-Generation beizutragen. Ein exponentieller Abfall der Generationsrate erfolgt, wenn die Energielage von Midgap abweicht. Generationsprozesse dominieren nur dann über Rekombinationsprozesse, wenn die Konzentration freier Ladungsträger weit unter der thermischen Gleichgewichtskonzentration liegt.

② Rekombination: beschreibt die Rekombination von Elektron-Loch-Paaren. In diesem Prozeß wird ein Ladungsträger eines Vorzeichens im Zentrum eingefangen und vom Einfangen eines Ladungsträgers des entgegengesetzten Vorzeichens gefolgt. Rekombination vernichtet Elektron-Loch-Paare und ist somit dem Generationsprozeß entgegengesetzt. Allgemein hängt die Rekombinationsrate von der Konzentration der Rekombinationszentren (oder Defektzentren), der Konzentration der freien Ladungsträger, der Elektronen- und Löchereinfangquerschnitte und der energetischen Lage des Zentrums ab (SRH-Statistik). Die mittlere Verweilzeit eines Minoritätsladungsträgers in seinem Band wird als Minoritäts-Trägerlebensdauer τ_r (r für Rekombination) bezeichnet.

③ Trapping: beschreibt das zeitweilige Einfangen von Ladungsträgern in einem flachen Niveau. Hierbei wird der Ladungsträger in dem Defektzentrum eingefangen und später ins Band zurückemittiert, ohne Rekombination. Allgemein können diese Einfangprozesse für Majoritäts- und Minoritätsträger geschehen.

④ Carrier Removal: beschreibt den Kompensationsprozeß von Donatoren und Akzeptoren durch bestrahlungserzeugte Defekte. Im Beispiel Abb. 3.6 werden einige der freien Elektronen der Donatorzentren durch strahlungsinduzierte tiefliegende Akzeptor-Zustände kompensiert. Das Ergebnis ist die Reduktion der Gleichgewichts-Majoritätsträger-Konzentration (carrier removal).

⑤ Defektunterstütztes Tunneln: beschreibt ein defekt-unterstütztes Tunneln (trap-assisted tunneling).

Strahlungsinduzierte Defekte können ebenfalls als zusätzliche Streuzentren und damit zu einer Verringerung der Beweglichkeit führen. Ebenso können geladene strahlungserzeugte Defektzentren zur Beweglichkeitsverminderung führen. Dieser Effekt dominiert bei tieferen Temperaturen, wo Streuung an ionisierten Zentren gegenüber Gitterstreuung überwiegt.

Am Beispiel der Leerstelle im Silizium soll der Ladungszustand und die Bewegung eines Defektes im Silizium-Gitter diskutiert werden.

Der Ladungszustand eines Defektes bezieht sich auf die Besetzung eines Niveaus im verbotenen Band durch Löcher oder Elektronen. Ist z.B. der Defekt durch ein Elektron besetzt, so handelt es sich um ein einfach negativ geladenes Zentrum. Der Ladungszustand eines Defektes ist eine wichtige Grundeigenschaft für die Beweglichkeit eines Defektes und für die relativen Änderungen der elektrischen Eigenschaften des Materials. Abb. 3.7 zeigt die Energie-Niveaus und den Ladungszustand einer Leerstelle im Silizium [15].

Der Ladungszustand jedes Niveaus ist bestimmt durch seine relative Lage zum Ferminiveau . Ist z.B. das Ferminiveau unterhalb von ~ E_C - 0,4 eV, aber oberhalb von ~ E_V + 0,05 eV, dann ist die Leerstelle im neutralen Zustand. Der Ladungszustand entscheidet darüber, mit welcher Beweglichkeit die Leerstelle durch das Si-Gitter diffundieren kann, d.h. die Aktivierungsenergie der Leerstellenbeweglich-

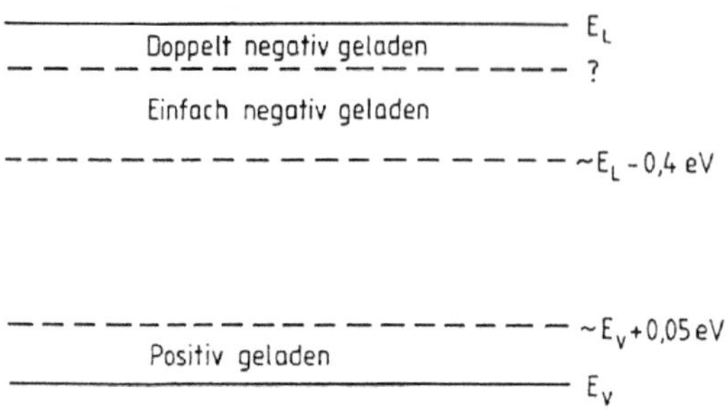

Abb. 3.7: Ladungszustände einer Leerstelle im Silizium [15]

keit hängt von ihrem Ladungszustand ab. Z.B. sind Leerstellen in einfach negativem Ladungszustand beweglicher als neutrale für eine bestimmte Temperatur. Die Leerstelle ist bei Raumtemperatur sehr beweglich und wird daher als instabiler Defekt bezeichnet. Durch Bestrahlung erzeugte Leerstellen wandern durch das Si-Gitter, um stabilere Defekte zu erzeugen (z.B. Doppelleerstellen, E-Zentren, A-Zentren). Wenn man direkt nach der Bestrahlung elektrische Kenngrößen in Abhängigkeit von der Zeit beobachtet (z.B. τ), dann machen sich diese Prozesse der Umorientierung (Annealprozesse) als Abnahme der Wirksamkeit des Strahlenschadens bemerkbar. Ein Beispiel hierfür ist in Abb. 3.8 zu sehen, wo

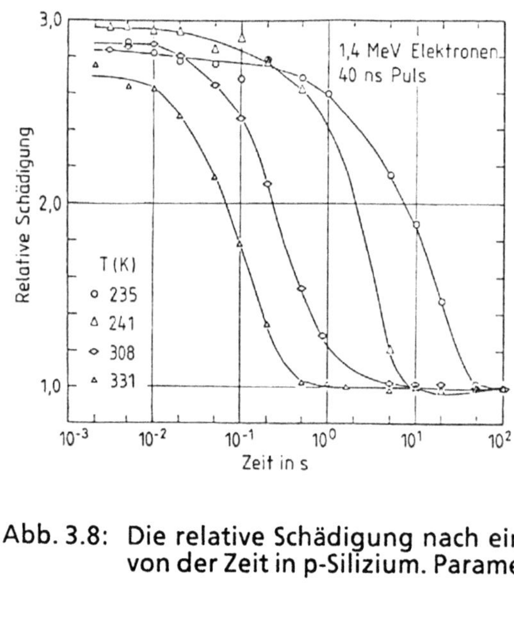

Abb. 3.8: Die relative Schädigung nach einem Elektronenpuls in Abhängigkeit von der Zeit in p-Silizium. Parameter ist die Temperatur [16].

der relative Schaden (damage = 1 bedeutet permanente Schädigung) in Abhängigkeit von der Zeit nach einem 40 ns Elektronenpuls der mittleren Energie 1,4 MeV dargestellt ist. Parameter ist die Temperatur, bei der sowohl Bestrahlung als auch die Messung stattfindet. Eine deutliche Erholungsphase ist zu erkennen, die für höhere Temperaturen zu kürzeren Zeiten verschoben ist.

Aus Verläufen, wie in Abb. 3.8 dargestellt, kann man Aktivierungsenergien bestimmen, wenn man charakteristische "Erholzeiten" über 1/T aufträgt. Das ist zusammen mit Tieftemperatur-ESR-Untersuchungen in Abb. 3.9 geschehen. Eine Aktivierungsenergie von 0,32 eV beschreibt die thermisch stimulierte Diffusion von neutralen Leerstellen im Silizium. Ein direktes Ergebnis aus Abb. 3.8 ist, daß sich Leerstellen innerhalb von Sekunden in stabile Defektkonfigurationen bei Raumtempteratur umformen. In Tabelle 3.1 sind die im Zusammenhang mit Bestrahlung auftretenden Defektkonfigurationen bei der Temperatur angegeben, bei der sie sich umordnen ("annealen").

Tabelle 3.1: Bekannte Fehlstellen im Silizium und deren Ausheiltemperatur [17]

	Defekttyp	Anneal-temperatur in K	Typ
Primärdefekte	Si-Leerstelle V^0	150	n
	Si-Leerstelle V^-	60-80	n
	Si-Interstitial I	<4	p
	metastabiles Paar V-I	>76	n
	Doppel-Leerstelle V-V	500-560	n und p
	nicht orientierte Doppel-Leerstelle V-V-I?	80-160	n
Defekt-Komplexe	A-Zentrum V-0	620	n und p
	V-Gruppe V (P, As, Sb)	400-420	n
	V-Gruppe III (Al, B, Ga)	500	p
	I-Al	500	p
	V-V	500-560	n und p
	V-Ge	210	n und p
	V Li	300	n
	Komplexe höherer Ordnung I-O-C,K-Zentrum	>300	n und p

Um den Ladungszustand des Defekts zu ändern, muß das Ferminiveau in eine entsprechende Lage gebracht werden. Das läßt sich durch eine Reihe von Maßnahmen erreichen:

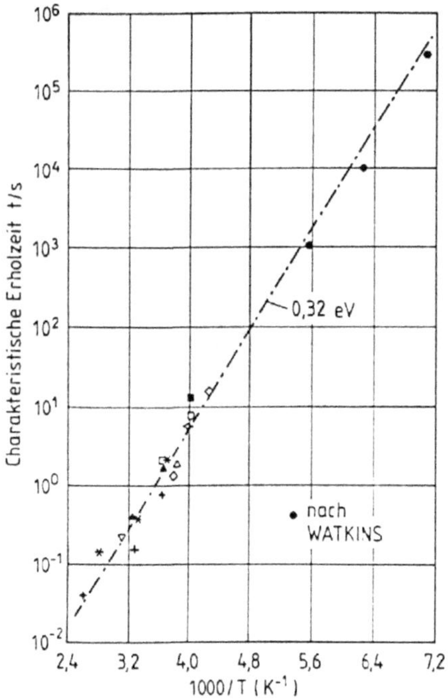

Abb. 3.9: Erholungszeiten in Abhängigkeit von der reziproken Temperatur in p-Silizium [16, 18]

1) Typ und spez. Widerstand des zu bestrahlenden Siliziums kann geändert werden.

2) Erzeugung von Überschußladungsträgern durch Injektion von Ladungen oder Beleuchtung. (Wären z.B. die Experimente der Abbn. 3.8 und 3.9 an n-Si durchgeführt worden, wären die Leerstellen in einfach negativem Zustand erzeugt worden und die Anneal-Raten wären erheblich schneller gewesen.)

3) Die die Bestrahlung begleitende Ionisation von Elektron-Loch-Paaren.

Ein Beispiel soll dieses erläutern (Abb. 3.10).

Die einfache Leerstelle ist normalerweise neutral in p-Si und ordnet sich bei 150-180 K um (anneal). Aktivierungsenergie ist 0,32 eV. Diese Annealing-Stufe geht einher mit einer ausgeprägten Erholung der Minoritätsträger-Lebensdauer

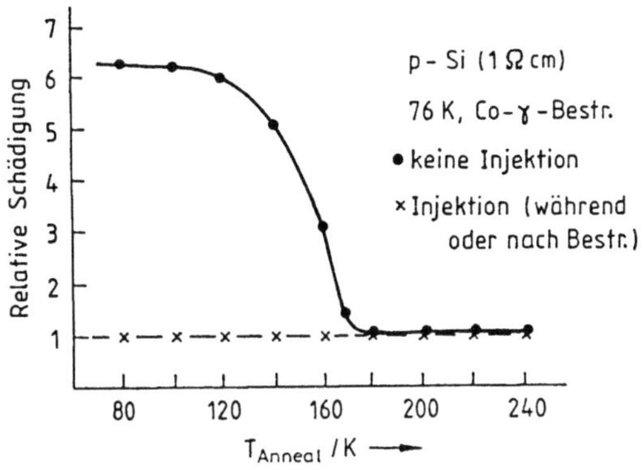

Abb. 3.10: Relative Schädigung aufgrund der Leerstelle in Abhängigkeit von der Temperatur. Einfluß der Injektion [17].

in p-Si, welches bei 76 K mit Co-γ-Strahlung bestrahlt wurde. Minoritätsträger-Injektion führt dazu, daß die Erholung bereits bei 76 K erfolgt. Erklärt wird das mit einer Umladung der Leerstelle von neutral zu einfach negativ. Hierdurch wird die Leerstelle beweglicher, die Defekt-Umordnung erfolgt bereits bei 76 K.

Wenn Defekt-Wanderung und Rekonfiguration stattgefunden haben, entsteht eine relativ stabile Defekt-Anordnung bei vorgegebener Temperatur. Dieser Defekt ist das Ergebnis einer Bestrahlung und seine elektrischen Eigenschaften sind abhängig vom Injektionsgrad. Diese Abhängigkeit ist jedoch grundsätzlich anderer Natur als die vorher erwähnten ionisationsbezogenen Ereignisse, die den Ladungszustand isolierter Defekte veränderten. Insbesondere die Minoritätsträger-Lebensdauer ist abhängig von der Injektionshöhe. Die Injektionshöhe wird dabei als Verhältnis von Minoritätsträger-Konzentration zu Majoritätsträger-Konzentration definiert. Für Beleuchtung ist $\Delta n = \Delta p$ und im Falle eines n-Halbleiters (Gleichgewichtskonzentration $n_0 = ni^2/p_0$) ist die Injektionshöhe Δ

$$\Delta = p/n = (p_0 + \Delta p)/(n_0 + \Delta p) \approx \Delta p/n_0 . \qquad (3.1)$$

Die Injektionshöhen-Abhängigkeit der Ladungsträger-Lebensdauer ist den Rekombinations-Eigenschaften der strahlungserzeugten Defekt-Niveaus zuzuordnen (ebenso auf andere als strahlungsinduzierte Defekte anwendbar).

Abb. 3.11 illustriert die Abhängigkeit der Lebensdauer von der Injektionshöhe (Überschußladungsträger) von γ-bestrahlten Silizium für vier verschiedene Temperaturen.

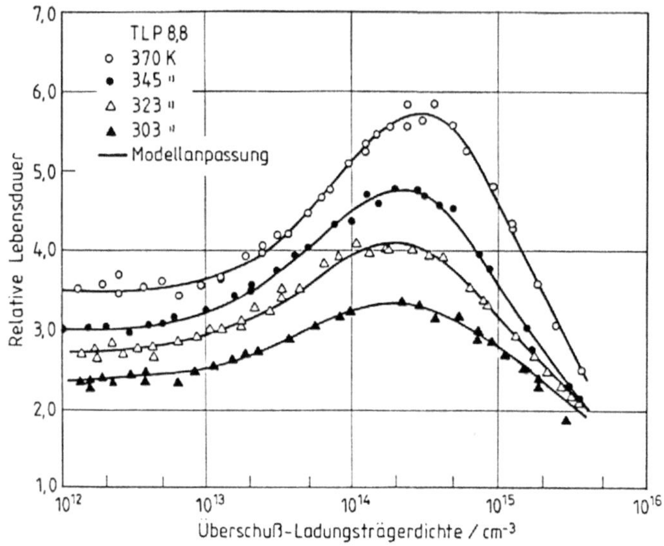

Abb. 3.11: Relative Lebensdauer in Abhängigkeit von der Überschußkonzentration. Parameter ist die Temperatur [19].

Derartige Verläufe sind typisch für das Verhalten von strahlungsinduzierten Defekten. Bei niedriger Überschußkonzentration ist ein Plateau zu sehen mit ansteigendem τ zu höheren Überschußkonzentrationen. Nach Überschreiten eines Maximums geht der Verlauf jedoch nicht, wie bei einem Zentrum zu erwarten, in ein zweites Plateau über, sondern sinkt asymptotisch ab. Das Maximum ist etwa dann erreicht, wenn die Überschußladungsträgerkonzentration in die Gegend der Majoritätsträgerkonzentration kommt. Das Verhalten von Abb. 3.11 ist z.B. durch zwei unabhängige Zentren zu erklären (SRH-Verhalten) (s. Abb. 3.12.) [21].

Hierbei handelt es sich jedoch nur um eine Näherungsbeschreibung eines sehr komplexen physikalischen Sachverhaltes: Ein Spektrum von Donator-Niveaus in der oberen Hälfte des verbotenen Bandes wird durch ein Donator-Niveau mit entsprechender mittlerer energetischer Lage und mittlerem Einfang-Querschnitt und ebenso ein Spektrum von Akzeptor-Niveaus im unteren Teil des verbotenen Bandes durch ein Akzeptor-Niveau mit mittlerer energetischer Lage und einem mittleren Einfang-Querschnitt dargestellt. Die Lebensdauern dieser beiden voneinander unabhängigen Zentren können dann wie folgt zu einer effektiven Lebensdauer überführt werden:

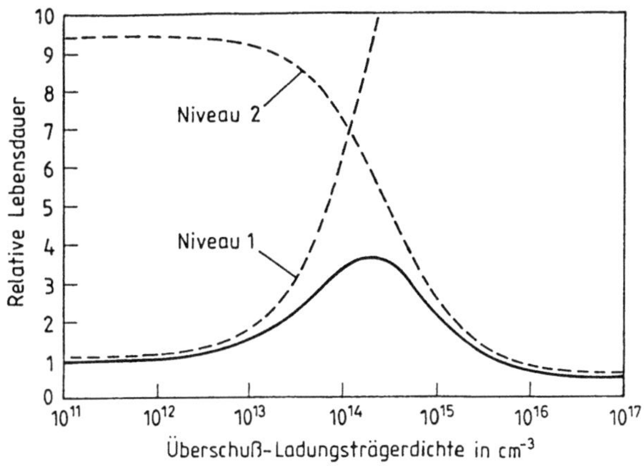

Abb. 3.12: Schematische Darstellung zweier Zentren und deren Wirkung auf die relative Lebensdauer in Abhängigkeit von der Überschuß-Ladungsträgerkonzentration [20]

$$\frac{1}{\tau} = \frac{1}{\tau_1} + \frac{1}{\tau_2} \tag{3.2}$$

mit

$$\tau_1 = \tau_{p_{01}} \cdot \frac{n_0 + n_1 + \Delta n}{n_0 + p_0 + \Delta n} + \tau_{n_{01}} \cdot \frac{p_0 + p_1 + \Delta n}{n_o + p_0 + \Delta n} \tag{3.3}$$

und

$$\tau_2 = \tau_{p_{02}} \cdot \frac{n_0 + n_2 + \Delta n}{n_0 + p_0 + \Delta n} + \tau_{n_{02}} \cdot \frac{p_0 + p_2 + \Delta n}{n_0 + p_0 + \Delta n} . \tag{3.4}$$

Hierbei sind

$$\tau_{p_{o1}} = (C_{p_1} \cdot N_{T_1})^{-1}$$

$$\tau_{n_{o1}} = (C_{n_1} \cdot N_{T_1})^{-1}$$

$$\tau_{p_{o2}} = (C_{p_2} \cdot N_{T_2})^{-1}$$

$$\tau_{n_{o2}} = (C_{n_2} \cdot N_{T_2})^{-1},$$

wobei C_{p_1}, C_{n_1}, C_{p_2} und C_{n_2} die Elektronen- oder Löchereinfangraten für die zwei Rekombinationszentren 1 und 2 ($C = \sigma \cdot v_{th}$) sind.

Für niedrige Injektion folgt dann:

$$\frac{1}{\tau_{nL}} = \frac{C_{p_1} N_{T_1}}{1 + \frac{n_1}{n_0}} + \frac{C_{p_2} N_{T_2}}{1 + \frac{C_{p_2}}{C_{n_2}} \frac{p_2}{n_0}} \qquad \text{für n-HL} \tag{3.5}$$

$$\frac{1}{\tau_{pL}} = \frac{C_{n_1} \cdot N_{T_1}}{1 + \frac{C_{n_1}}{C_{p_1}} \cdot \frac{n_1}{p_0}} + \frac{C_{p_2} N_{T_2}}{1 + \frac{p_2}{p_o}} \qquad \text{für p-HL} \tag{3.6}$$

und für hohe Injektion gilt:

$$\frac{1}{\tau_H} = \frac{C_{n_1} \cdot N_{T_1}}{\frac{C_{n_1}}{C_{p_1}} + 1} + \frac{C_{p_2} \cdot N_{T_2}}{\frac{C_{p_2}}{C_{n_1}} + 1} . \tag{3.7}$$

Diese Gleichungen (3.2) bis (3.7) enthalten die Abhängigkeit der Lebensdauer τ von der Injektionshöhe, vom spezifischen Widerstand und von der Temperatur.

Anhand von Abb. 3.12 ist anschaulich der Verlauf von τ in Abb. 3.11 zu erklären [20].

Bei niedriger Injektion dominiert das Niveau 1. Bei hoher Injektion erhöht sich der Einfluß des Niveaus 2 auf die Rekombination. Wenn die Lebensdauern τ_1 und τ_2 reziprok addiert werden, erhält man die durchgezogene Kurve in Abb. 3.12. Allgemein kann die Lebensdauer , die mit einem <u>einzelnen</u> Rekombinationszentrum zusammenhängt, mit steigender Injektion entweder steigen oder fallen. Bei niedriger Injektion dominiert typischerweise ein Rekombinationsniveau tief im verbotenen Band, und derartige Niveaus zeigen ein Ansteigen von τ mit steigender Injektion. Anschaulich kann das Ansteigen von τ mit der Injektion als "Verkehrsstau" betrachtet werden, der am dominierenden Rekombinationszentrum auftritt. Das bedeutet, daß die meisten Zentren durch Minoritätsträger besetzt sind und relativ wenige verfügbar sind, die zusätzlichen Ladungsträger einzufangen. Bei höheren Injektionen wird dieser "Stau" entlastet durch Rekombination über das zweite Niveau und hierdurch verringert sich die Lebensdauer. Der Ladungszustand von Defektzentren kann bei hoher Injektion durch die Verschiebung des Fermi-Niveaus verändert werden, und dieses Zentrum hat dann bessere Bedingungen, um Ladungsträger einzufangen. Diese Änderung erhöht die Rekombination an derartigen Zentren.

Bisher wurde davon ausgegangen, daß es sich bei den Defekten um isolierte, annähernd homogen im Halbleiter-Material verteilte Niveaus handelt. Das ist sicherlich berechtigt für γ- und Elektronen-Bestrahlung und auch bedingt richtig für Protonen und leichte Ionen. Für schwere Ionen und Neutronen gilt das nicht mehr. Ein einzelnes Neutron hoher Energie, welches ein Si-Atom trifft, kann eine große Anzahl (einige hundert bis einige tausend) Verlagerungen in einem relativ kleinen Volumen bewirken. Eine derartig gestörte Region wird Cluster genannt. In Abb. 3.13 ist der Unterschied in der Bänderstruktur dargestellt.

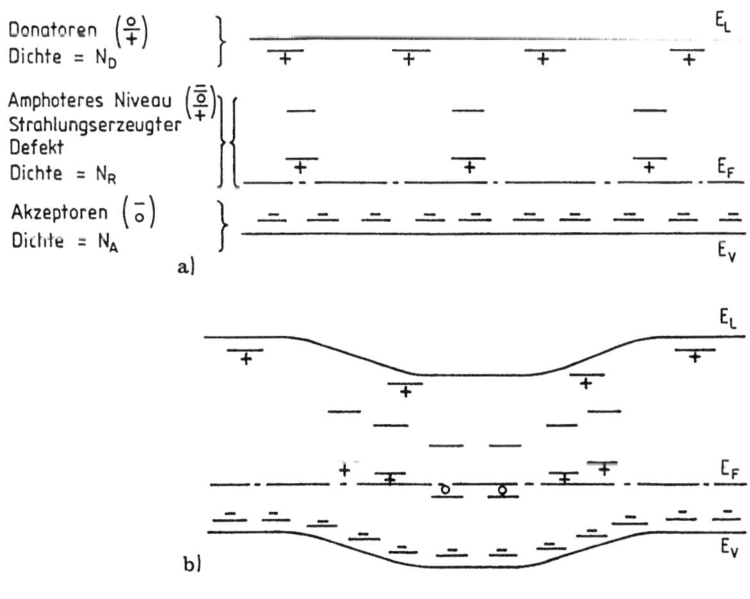

Abb. 3.13: Vergleich zwischen der Wirkung isolierter Defekte und Clustern auf den Bandverlauf [22]

In Abb. 3.13a ist die homogen verteilte strahlungsinduzierte Erzeugung isolierter Defekte (keine Störung des Bandverlaufes), in Abb. 3.13b die lokale Schädigung infolge Cluster-Erzeugung (starke Störung des Bandverlaufes) dargestellt. Diese örtliche Störung kann Gebiete von einigen hundert bis zu wenigen tausend Ångström Durchmesser umfassen. In Abb. 3.14 ist eine Elektronenmikroskop-Aufnahme (nach Ätzen) zu sehen. Für Rekombinations-Prozesse und damit für das Schädigungsverhalten ist daher nicht mehr die Wirkung eines isolierten Defektes sondern die gesamte gestörte Region eines Clusters zu betrachten.

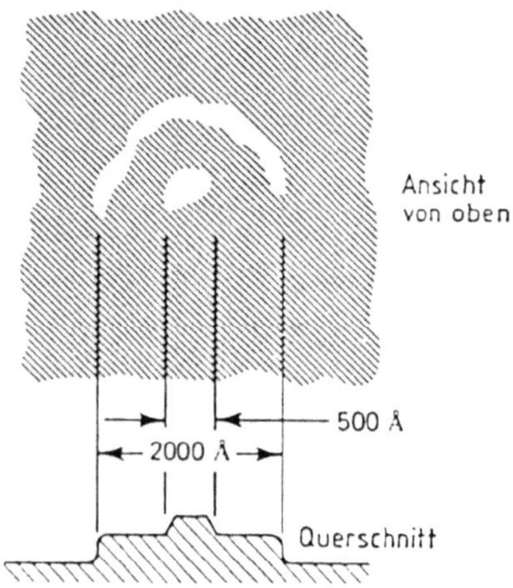

Abb. 3.14: Rasterelektronenmikroskopische Aufnahme eines Clusters nach Abätzen [22]

In Abb. 3.14 ist der eigentlich geschädigte Bereich als die innere Zone mit einem Durchmesser von etwa 500 Å zu sehen. Die Wirkung eines Clusters geht jedoch über den Bereich hinaus, da wegen der erzeugten Potentiale Raumladungszonen (≈ 2000 Å) entstehen, die den Wirkungsquerschnitt eines Clusters wesentlich vergrößern. Der Effekt derartiger gestörter Regionen wird durch das Gossick-Modell beschrieben. In diesem Modell (Abb. 3.15) wird die geschädigte Region mit R_1 bezeichnet, die durch das Stoßverhalten eines einzigen Neutrons mit dem Gitter-Atom entsteht. Das Innere dieser gestörten Region (R_0) wird als kompensiert intrinsisch (bei Si), d.h. elektrisch neutral angesehen. Die geschädigte Region ist durch das Einfangen von Majoritätsträgern im Gebiet zwischen R_0 und R_1 jedoch geladen. Eine ungeschädigte Region, die an Majo-

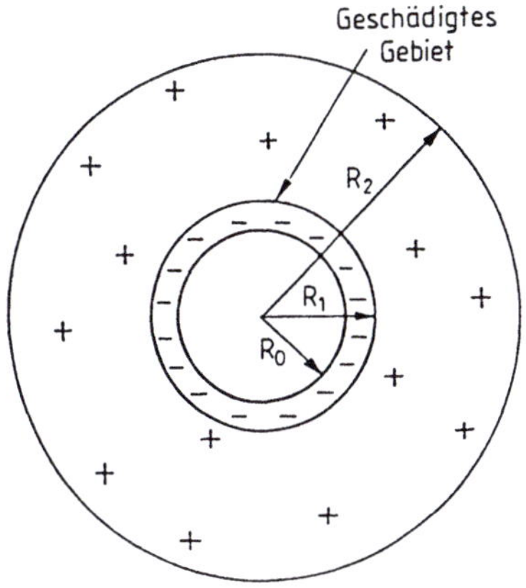

Abb. 3.15: Schematische Darstellung des Gossick-Modells [23]

ritätsträgern verarmt ist (zwischen R_1 und R_2), eine Raumladungsschicht, umgibt das geschädigte Gebiet. Die eingefangene Majoritätsträgerladung ist ausgeglichen durch die Ladung ionisierter Dotierungsatome im Raumladungsbereich. Im Modell bedeutet dann die gestörte Region eine Potential-Barriere für Majoritätsträger und eine Potential-Senke für Minoritätsträger. Daher wirken Defekt-Cluster als sehr effiziente Rekombinationszentren.

Die Effizienz eines Clusters hängt einmal von seiner Größe ab, jedoch auch von den Eigenschaften des ihn umgebenden Materials (Typ, spez. Widerstand). Die modellmäßige Beschreibung des Entstehens (Dynamik) und der Stabilität (Annealen) von Clustern ist Gegenstand der Forschung.

Bestrahlung erzeugt die folgenden Änderungen der elektrischen Parameter:

1) Minoritätsträger-Lebensdauer verringert sich.
2) Majoritätsträger-Konzentration nimmt ab (carrier removal) und
3) Ladungsträger-Beweglichkeit nimmt ab.

In Abb. 3.16 sind diese Veränderungen für den Fall der Neutronenbestrahlung zusammengefaßt:

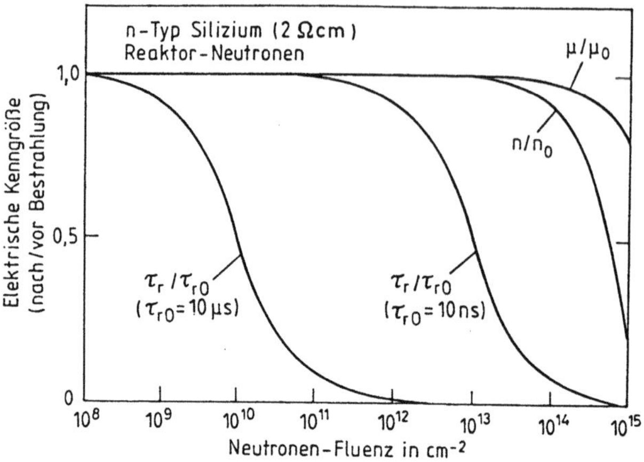

Abb. 3.16: Verlauf wichtiger Halbleitergrößen in Abhängigkeit von der Neutronenfluenz

Als empfindlichste Größe wird die Minoritätsträger-Lebensdauer beeinflußt. Abhängig von der ursprünglichen Störstellenzahl ($\tau \sim 1/N_T$) wird zunächst die Probe mit τ_{ro} = 10 μs erfaßt. Drei Dekaden später (10 μs/10 ns) wird die Probe mit der geringeren Lebensdauer (τ_{ro} = 10 ns) beeinflußt. Erst bei sehr viel höheren Fluenzen tritt die Degradation der Majoritätsträgerkonzentration (carrier removal) und dann die der Beweglichkeit ein.

Es ist sinnvoll anzunehmen, daß die Änderung der Lebensdauer mit der Anzahl der durch Strahlung induzierten Störstellen linear korrelliert ist, und diese Störstellengeneration wiederum proportional zur Fluenz der Teilchen ist. Das führt zum Konzept der Schädigungskonstanten der Lebensdauer k_τ als Proportionalitätskonstante zwischen Fluenz ϕ und Änderung der Störstellenanzahl ΔN_T

$$\Delta\left(\frac{1}{\tau}\right) = k_1 \cdot \Delta N_t = k_\tau \cdot \Phi \qquad (3.8)$$

Dieses Konzept bildet die Grundlage für die Korrelation unterschiedlicher Arten, Energien von Strahlung und Eigenschaften von Substrat-Materialien. Wie bei der Betrachtung von Einzeldefekten tritt auch bei der Cluster-Formierung eine zeitliche Änderung des Strahlenschadens ein, der vom Ladungszustand der für die Cluster-Bildung zuständigen Grunddefekte (Fehlstellen, Doppelfehlstellen usw.)

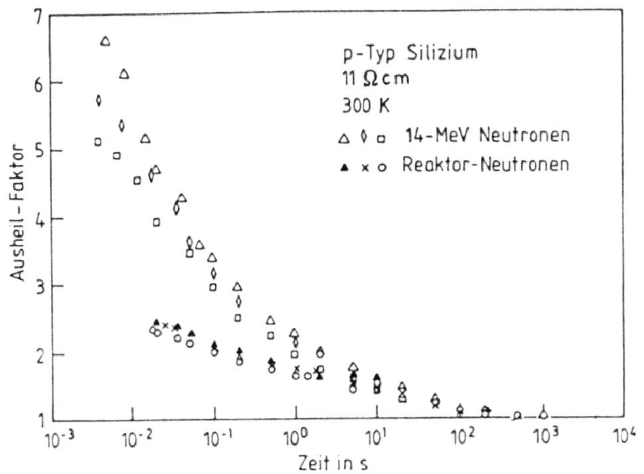

Abb.3.17: Kurzzeitverhalten zur Beschreibung des Annealing-Faktors in Abhängigkeit von der Zeit nach einer kurzzeitigen Neutronenbestrahlung [24]

abhängt. So ist auch hier die Bereitstellung von Ladungen notwendig. Man bezeichnet den dynamischen Bildungsprozeß eines Clusters nach der makroskopischen Manifestation des Strahlenschadens (z.B. über τ) als "short term annealing". Ist diese Phase dann abgeschlossen (innerhalb von Zeiten, die unter 1000 s liegen), dann ist ein stabiler Zustand erreicht. Dies ist nicht zu verwechseln mit der Behandlung der permanenten Schädigung nach Shockley-Read-Hall. In Abb. 3.17 ist ein Beispiel für "short term annealing" gezeigt.

Der hier aufgetragene Annealing-Faktor AF ist in Abb. 3.18 definiert. Dieser Annealing-Faktor ist wichtig für die maximal auftretende Schädigung von Halbleiter-Bauteilen unmittelbar, nachdem ein Bauteil einem Strahlungspuls ausgesetzt war. Für $\tau_r(t)$ gegen $\tau_r(\infty)$ geht der AF gegen 1. Für das Konzept der Schädigungskonstanten k_τ als das Verhältnis von Parameter-Änderung zum Teilchenfluß in der folgenden Form

$$\Delta\left(\frac{1}{\tau}\right) = \frac{1}{\tau_r(\infty)} - \frac{1}{\tau_{ro}} = k_\tau \cdot \Phi \tag{3.9}$$

gibt der Anneal-Faktor AF die zusätzliche Schädigung für kurze Zeiten nach dem Strahlungspuls an.

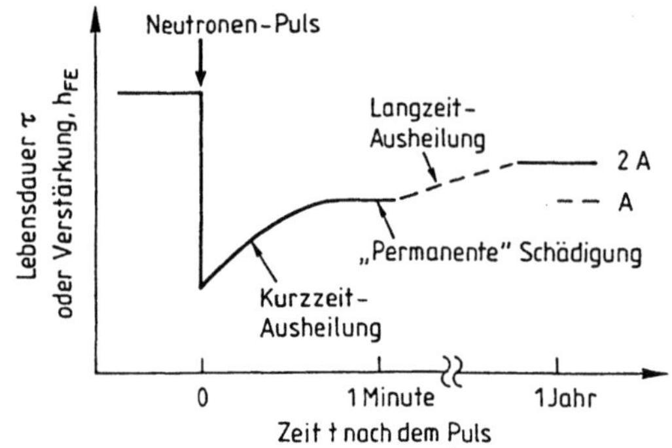

Abb. 3.18: Definition des Annealing-Faktors

Nach der Definition in Abb. 3.18 ergibt sich dann aus Gl. (3.9) für $\Delta\,(1/\tau)$ während des short-term-annealings

$$\frac{1}{\tau_r(t)} - \frac{1}{\tau_{ro}} = AF(t) \cdot k_\tau \cdot \Phi \tag{3.10}$$

Nach Abb. 3.18 kann also die tatsächliche Schädigung für kurze Zeiten nach dem Strahlungsimpuls 6 mal größer sein als für permanente Schädigung. AF-Werte größer 50 sind beobachtet worden.

Bei Betrachtungen des Schädigungsverhaltens interessiert hier jedoch die permanente Schädigung. Aus Abb. 3.19 ist die Schädigung als Schädigungskonstante in Abhängigkeit von der Injektionshöhe für p-Silizium unterschiedlichen spezifischen Widerstandes aufgetragen.

Aus Abb. 3.19 werden verschiedene Abhängigkeiten der Schädigungskonstanten sichtbar:

1) Die zu beobachtende Schädigung ist injektionsabhängig (beschreibbar über 2 unabhängige SRH-Zentren).
2) Die Schädigung ist abhängig vom spezifischen Widerstand des Materials.
3) Schädigung ist zeitabhängig (in Abb. 3.19 ist der stabile Zustand der permanenten Schädigung dargestellt).
4) Aus Punkt 2) folgt, daß die Schädigung dotierungsabhängig ist und, wie früher gezeigt, vom Dotierstoff oder Konzentration von Verunreinigungen.

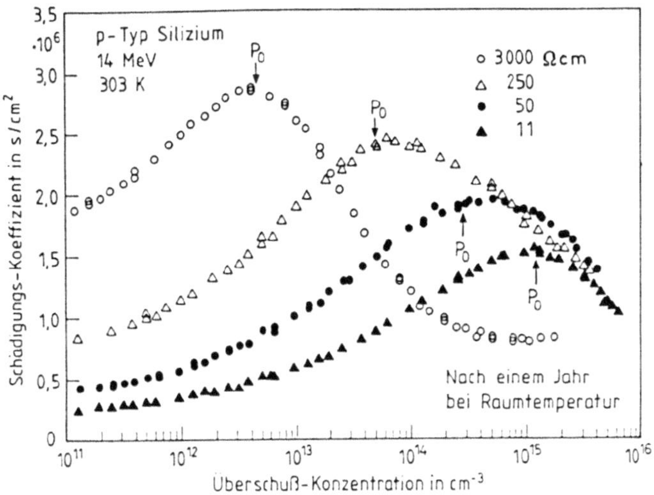

Abb. 3.19: Abhängigkeit der Schädigungskoeffizienten von der Überschuß-Ladungsträgerkonzentration. Parameter ist der spezifische Widerstand [25].

5) Die Schädigung ist vom Leitfähigkeitstyp abhängig.
6) Wie früher gezeigt, von der Temperatur während und nach der Bestrahlung.
7) Das Schädigungsverhalten von Si ist quantitativ und qualitativ verschieden von dem anderer Materialien.
8) Die Art und Energie des Bestrahlungspartikels geht stark in die Schädigung ein.

All diese Abhängigkeiten sind zu berücksichtigen, wenn eine Schädigungskonstante definiert wird und Ergebnisse unterschiedlicher Bestrahlungstests und Materialien miteinander verglichen werden sollen. Dies ist die Grundlage für die Simulation der Verlagerungsschädigung im Labor.

In Abb. 3.20 sind diese Abhängigkeiten noch einmal zusammengefaßt.

Aus den Gln. (3.3) bis (3.7) ist zu entnehmen, daß die Änderung der empfindlichsten HL-Größe, der Minoritätsträger-Lebensdauer, direkt immer mit der Änderung der Defektzentren-Konzentration zusammenhängt. Bis zu nicht zu hohen Fluenzen Φ kann man davon ausgehen, daß ein linearer Zusammenhang zwischen Fluenz Φ und der Generation zusätzlicher Defektzentren ΔN_T besteht. Erst

- o Teilchenart
- o Teilchenenergie
- o Material
- o Spezifischer Widerstand
- o Dotierungsstoff, Konzentration
- o Verunreinigungen
- o Injektionshöhe
- o Temperatur
- o Zeit nach der Bestrahlung

Abb. 3.20: Abhängigkeit der Schädigungskonstanten

wenn die Konzentration von isolierten Defekten oder Defekt-Clustern so groß wird, daß sie sich gegenseitig beeinflussen, wird man diesen linearen Zusammenhang aufgeben müssen.

Es scheint daher sinnvoll, die in Gl. (3.9) eingeführte Schädigungskonstante als eine Größe zu betrachten, die vom Fluß Φ der Teilchen unabhängig ist.

Bemerkung: In der amerikanischen Literatur wird auch häufig der Zusammenhang $\Delta(1/\tau) = (\phi/k\tau)$ angegeben. k_τ ist hierbei als Schädigungskoeffizient definiert (s. z.B. Abb. 3.19). Hier wird immer die in Gl. (3.9) gemachte Definition der Schädigungskonstante mit der Dimension cm^2s^{-1} benutzt. Die Zahlenangaben beider Definitionen sind einander reziprok.

Beispiele für das Konzept der Schädigungskonstanten zur Verdeutlichung der Abhängigkeiten nach Abb. 3.20:

Defekt-Erzeugungsraten

In Abb. 3.21 ist für Elektronenbestrahlung die Schwellenergie für die Erzeugung von isolierten Defekten untersucht worden. Diese Darstellung ist analog zur Beschreibung eines Wirkungsquerschnittes. Aus der experimentell ermittelten Er-

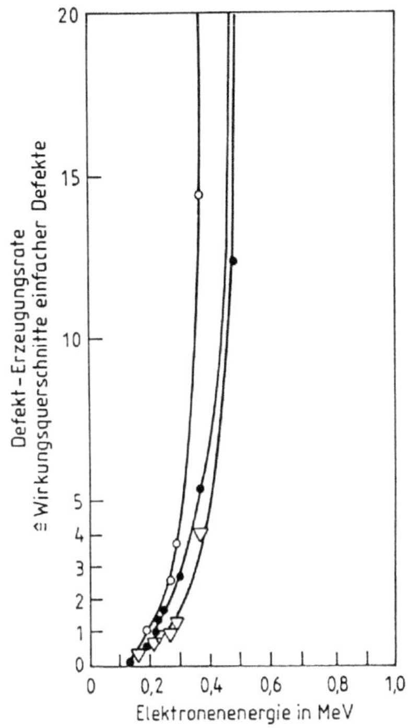

Abb. 3.21: Darstellung der Schwellenergie zur Defekterzeugung durch Elektronen im Silizium [26]

zeugungsrate ist eine Schwellenergie von etwa 150-170 keV zu entnehmen. Nach Gl. (2.33) (aus Kapitel 2) ist daraus die maximale übertragbare Energie für einen Zentralstroß von etwa 15 eV zu ermitteln, die an ein Gitteratom übertragen werden muß, um eine Verlagerung zu ermöglichen. Der starke Anstieg für die Defekterzeugung mit der Energie in Abb. 3.21 kann wie folgt erklärt werden:

1) Vergrößerung des Stoßwinkels für die Übertragung der Schwellenergie.
2) Vergrößerung des Raumwinkels, in den das zu verlagernde Gitteratom gestreut und verlagert werden kann.
3) Durch Übertragung kinetischer Energie wird die Separation von Zwischengitteratom und Leerstelle vergrößert (geringere Rekombination).

Spezifischer Widerstand:

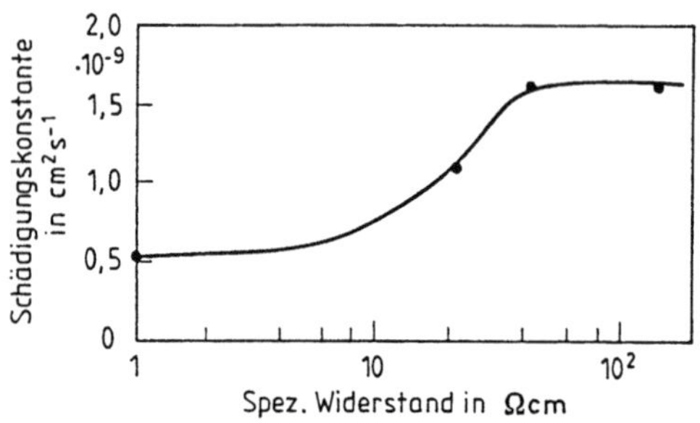

Abb. 3.22: Lebensdauerschädigungskonstante in Abhängigkeit vom spezifischen Widerstand [27]

In Abb. 3.22 ist die Schädigungskonstante für γ-Bestrahlung in Abhängigkeit vom spezifischen Widerstand gezeigt. Injektion ist gering. Die Abhängigkeit ist durch Erzeugung zusätzlicher Defekte erklärt, die sich in hochohmigem Material stärker auswirken.

Injektionshöhe:

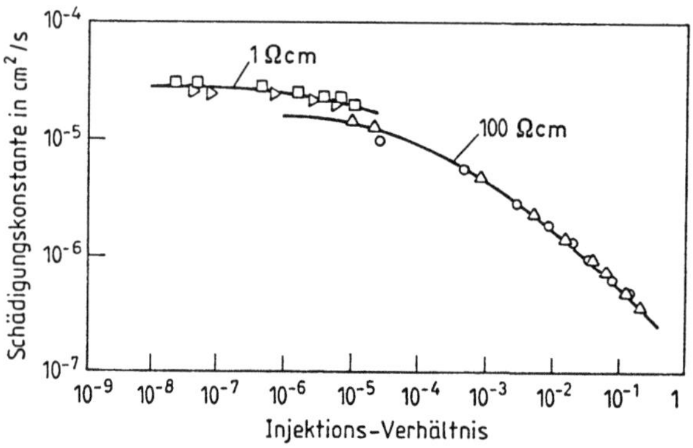

Abb. 3.23: Lebensdauerschädigungskonstante in Abhängigkeit vom Injektionsverhältnis [28]

In Abb. 3.23 ist die Injektionsabhängigkeit der Minoritätsträger-Lebensdauer für 300K in neutronenbestrahltem n-Si zu sehen. Für Injektionshöhen $>10^{-4}$ sinkt die Schädigungskonstante.

Unterschiedliche Teilchen und Energien:

Nimmt man die verwirrende Vielfalt der erzeugten Defekte und deren Abhängigkeiten von primärer Strahlung und von der Umordnung nach Schädigung bis zu einem halbwegs stabilen Zustand, so erscheint es fragwürdig, unterschiedliche Bestrahlungsarten mit unterschiedlichen Energien miteinander vergleichen zu wollen. In Abb. 3.24 ist einmal versucht worden, die Effektivität verschiedener Bestrahlungspartikel als Funktion der Energie für die Degradation der Lebensdauer miteinander zu vergleichen. Hier ist zunächst eine Rangfolge in der Schädigungswirkung abzulesen. Alle anderen Abhängigkeiten, die vorher erwähnt wurden, bleiben unberücksichtigt. Diese Einflüsse auf die Schädigungskonstante müssen gesondert berücksichtigt werden. Daher versucht man, zunächst die Teilchenart bei einer bestimmten Energie (Äquivalenzenergie) festzulegen. Hierzu hat man 3 MeV-Elektronen, 20 MeV-Protonen und 1 MeV-Neutronen als Referenz gewählt. In Abb. 3.25 ist für diese Referenz-Teilchen der Einfluß der Energie der Teilchen aufgetragen. Am Referenzpunkt der Energie ist das Verhältnis gleich 1 gesetzt. Für Teilchen anderer Energie erhöht (oder verringert) sich die

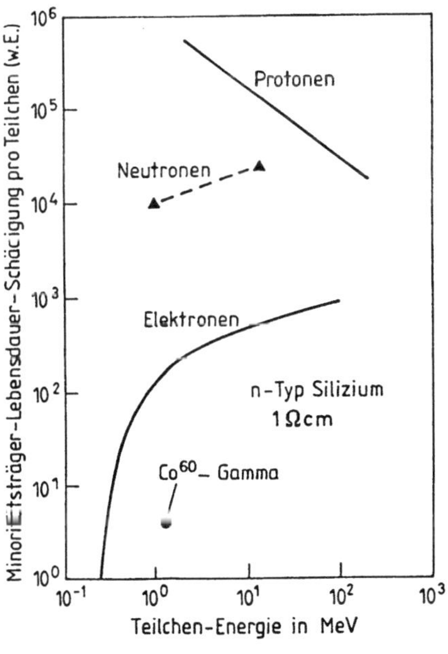

Abb. 3.24: Lebensdauer-Degradation als Funktion der Teilchenenergie für verschiedene Bestrahlungsarten [29]

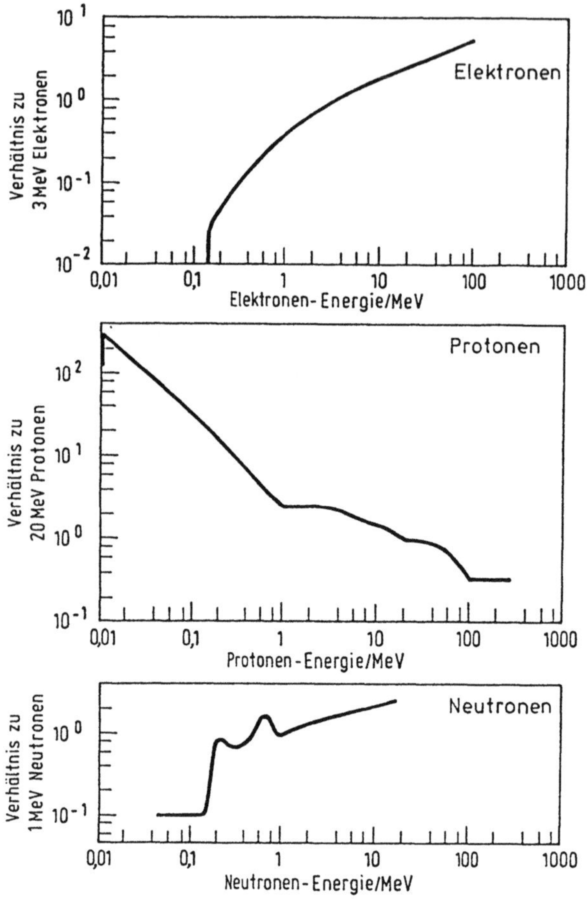

Abb. 3.25: Äquivalenzwerte für die Verlagerungsschädigung in Silizium für Elektronen, Protonen und Neutronen in Abhängigkeit von der Teilchenenergie [12]

Effektivität der Schädigung. Z.B. ist die Elektronenschädigung bei 10 MeV etwa doppelt so hoch wie bei der Referenzenergie 3 MeV. Aus Tabelle 3.2 ist die Schädigungskonstante für einen spezifischen Fall (n- oder p-Silizium, Widerstandsbereich, Injektionshöhe) zu entnehmen. Diese Angaben sind einer Vielzahl experimenteller Ergebnisse entnommen und geben den heutigen Stand der Forschung an.

Diese Werte aus Tabelle 3.2 sind für andere Energien als der Referenzenergie mit dem Verhältnis der Effektivität aus Abb. 3.25 zu multiplizieren.

Tabelle 3.2: Werte für die Schädigungskonstante von Elektronen, Protonen und Neutronen bei deren Standardenergien in Abhängigkeit von Ladungsträgertyp, spezifischem Widerstand und Injektionshöhe [12]

	spezifischer Widerstand Ω cm		Injektionshöhe			
			niedrig ($\leqq 10^{-2}$)		hoch ($\geqq 1$)	
3 Mev-Elektronen	1	n-Si	$0.6\text{-}3 \times 10^{-7}$		$\sim 5 \times 10^{-8}$	
	10	n-Si	$2\text{-}10 \times 10^{-8}$		$\sim 1 \times 10^{-8}$	
	100	n-Si				
	1	p-Si	$1\text{-}4 \times 10^{-8}$		$\sim 1 \times 10^{-8}$	
	10	p-Si	$0.5\text{-}2 \times 10^{-8}$		$1\text{-}4 \times 10^{-9}$	
	100	p-Si	$\sim 3 \times 10^{-9}$		$\sim 6 \times 10^{-10}$	
			10^{-3}		10^{-1}	
20 MeV-Protonen	1	n-Si	$2\text{-}10 \times 10^{-5}$		$1\text{-}5 \times 10^{-5}$	
	10	n-Si	-		$\sim 5 \times 10^{-6}$	
	100	n-Si	-		-	
	1	P-Si	$1\text{-}3 \times 10^{-5}$		$\sim 1 \times 10^{-5}$	
	10	P-Si	-		$\sim 5 \times 10^{-6}$	
	100	P-Si	-		-	
			10^{-5}	10^{-3}	10^{-1}	10^{0}
1 MeV Neutronen	1	n-Si	1×10^{-5}	5×10^{-6}	2×10^{-6}	1.5×10^{-6}
	10	n-Si	6×10^{-6}	5×10^{-6}	2×10^{-6}	1×10^{-6}
	100	n-Si	1×10^{-5}	2.5×10^{-6}	5×10^{-7}	3×10^{-7}
	1	p-Si	8×10^{-6}	2×10^{-6}	5×10^{-7}	3×10^{-7}
	10	p-Si	8×10^{-6}	2×10^{-6}	5×10^{-7}	3×10^{-7}
	100	p-Si	2.5×10^{-6}	1.5×10^{-6}	5×10^{-7}	-

Hat man es mit einem Spektrum von Teilchen verschiedener Energien zu tun, so gilt

$$\Phi(E_{Standard}) = \frac{\sum k_\tau(E) \cdot \Phi(E)}{k_\tau(E_{Standard})} \tag{3.11}$$

wobei $E_{Standard}$ die Energie ist, die man zur Korrelation oder zur Testdurchführung benötigt.

Andere Schädigungskonstanten (für carrier removal, Beweglichkeit) werden i.a. nur für Neutronen benötigt und sind für diesen Fall auch bekannt (Tabelle 3.3).

Tabelle 3.3: Schädigungskonstanten für Neutronen in Silizium [19]

Neutronen-Schädigungskonstante für Silizium

- Rekombinationslebensdauer:
  N-Typ, niedriger spezifischer Widerstand und niedrige Injektion
  $k \approx 10^{-5}$ cm²/s für Reaktor-Neutronen
  $k \approx 2.5 \times 10^{-5}$ cm²/s für 14 MeV-Neutronen

- Generationslebensdauer:
  N- und P-Typ
  1.2×10^{-5} cm^2/s für Reaktor-Neutronen
  3×10^{-5} cm^2/s für 14 MeV-Neutronen

- Carrier-Removal:
  $n(post) = n(pre) - (\Delta n/\Delta\Phi)\,\Phi$
  N-Typ, $N_D = 10^{15}\,cm^{-3}$, Reaktor-Neutronen
  $(\Delta n/\Delta\Phi) = 6\,n^{-1}cm^{-1}$

- Beweglichkeit:
  $\mu^{-1} = \mu_o^{-1} + k_\mu\Phi$
  2 ohm-cm, N-Typ und P-Typ, Reaktor-Neutronen
  $k_\mu = 3 \times 10^{-19}$ Vs/n

3.3 Transiente Defekte im Silizium

Die Abbremsung von Teilchen oder die Absorption von Quanten hat neben einer möglichen Verlagerung von Gitteratomen eine andere grundsätzliche Wirkung: die Übertragung von Energie auf das Gitter. Die hierfür zuständige Größe ist die Energiedosis D, die die Energieabgabe ionisierender Strahlung pro Massenelement angibt. Die Einheit ist das rad (= 0.01 Gy).

Weitere Einheiten sind aus der folgenden Definitionsgleichung abzulesen:

$$1\ \text{rad} = 0{,}01\ \text{Gy} = 6{,}242 \cdot 10^7\ \frac{\text{MeV}}{\text{g}} = 10^2\ \text{erg/g} = 10^{-2}\ \text{J/kg}\,. \tag{3.12}$$

Verliert ein Teilchen beim Durchgang durch ein Material der Dicke dx Energie der Größe dE, so ist der Energie-Verlust eines Teilchenstrahls mit der Fluenz ϕ

$$\phi \cdot A \cdot dE = \phi \cdot \frac{1}{\rho}\frac{dE}{dx} \cdot \rho \cdot A \cdot dx \tag{3.13}$$

$\rho \cdot A \cdot dx$ ist dabei das Massenelement dm, ϕ die Fluenz in Teilchen (Quanten) pro cm^2 und $(1/\rho)$ (dE/dx) das Massenbremsvermögen in MeV cm^2/g aus Gl. (2.41), s. z.B. Abb. 2.10.

Mit der Definition des rad (entspricht (dE/dm)) und Gl. (3.13) ist demnach

$$D\left[\frac{\text{MeV}}{\text{g}}\right] = S\left[\frac{\text{MeV}\cdot\text{cm}^2}{\text{g}}\right]\cdot\phi\left[\text{cm}^{-2}\right] \tag{3.14}$$

oder mit Hilfe der Definition aus Gl. (3.12)

$$1\ \text{rad} = 6{,}242\cdot 10^7\ \text{MeV/g}$$

entsteht dann der Zusammenhang zwischen absorbierter Dosis und Massenbremsvermögen

$$D\left[\text{rad}\right] = 1{,}6\cdot 10^{-8}\cdot S\left[\frac{\text{MeV}\cdot\text{cm}^2}{\text{g}}\right]\cdot\phi\left[\text{cm}^{-2}\right] \tag{3.15}$$

Voraussetzung für die Gl. (3.15) ist, daß sich S beim Durchgang durch das Material nicht ändert. Das ist für dünne Abschirmdicken für den Fall der Elektronen im praktischen Bereich sicher der Fall, mehr noch für die Ausdehnung der aktiven Halbleiter-Gebiete im Bereich von 5-20 µm.

Bei dicken Absorbern d > R_p ist der andere Grenzfall erreicht: Das Teilchen wird vollständig absorbiert. In den mittleren Bereichen, die für die Abschirmwirkungen eine wichtige Rolle spielen, müssen Monte-Carlo-Berechnungen angewendet werden (s. Abschn. 5.3).

Bezogen auf ein einzelnes Teilchen/Quant ist dieser Zusammenhang in Abb. 3.26 noch einmal zusammengefaßt.

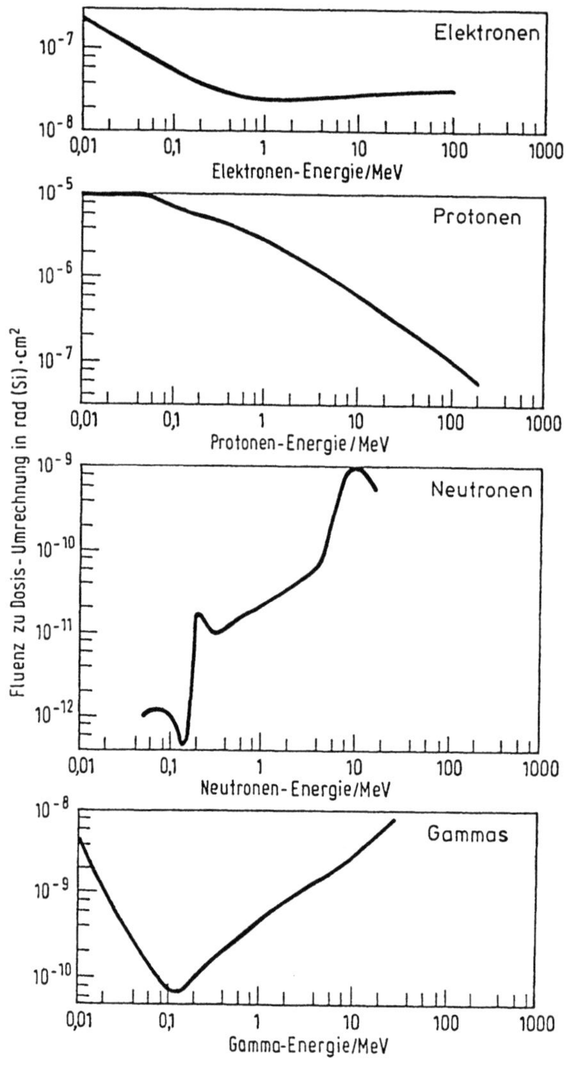

Abb. 3.26: Umrechnung von Fluenz in absorbierte Dosis in Abhängigkeit der Energie von Elektronen, Protonen, Neutronen und Gammas [12]

Aus Abb. 2.10 ist zu erkennen, daß für Elektronen in Aluminium im Bereich von Energien zwischen 1 und 10 MeV ein ausgeprägtes Minimum des Massenbremsvermögens mit einem Wert von $(1/\rho \cdot (dE/dx) \approx 1{,}5$ MeV cm^2/g gilt ($\rho_{Al} = 2{,}7$ g/cm^3; $\rho_{Si} = 2{,}33$ g/cm^3).

Mit $S_{Al} \approx S_{Si}$ wird daher in diesem Energiebereich für Elektronen nach Gl. (3.15)

$$D(rad(Si)) = 2{,}4 \cdot 10^{-8}\, \phi_e\, (cm^{-2}) \qquad (3.16)$$

Mit $(dE/dx) = \rho \cdot (1/\rho\ dE/dx) = \rho \cdot S$ wird in einem 10 µm ausgedehnten Halbleitergebiet der Energieverlust $\rho \cdot S \cdot \Delta x = 2{,}33 \cdot 1{,}5 \cdot 10^6 \cdot 10^{-3} = 3{,}5$ keV. Hieraus geht hervor, daß Elektronenbestrahlung bei 1 bis 3 MeV eine günstige Testenergie ist, da Energieverluste infolge Gehäuse u.ä. praktisch keine Veränderung im Massenbremsvermögen bewirken.

Das Massenbremsvermögen ist wenig vom Material abhängig. Das in Betracht kommende Material sollte deshalb angegeben werden, z.B. rad(Si) oder rad(Luft). Aus Gl. (3.16) ist zu entnehmen, daß etwa $4{,}2 \cdot 10^7$ e/cm^2 (1 bis 3 MeV) notwendig sind, um im Silizium 1 rad(Si) abzulagern.

In der Regel wird 1 rad(Si) mit rad(SiO_2) gleichgesetzt, so daß im SiO_2 die gleiche Energieabsorption wie im Si auftritt.

Die gleichen Betrachtungen gelten auch für Photonen (Gl. (3.15)), solange $1/\mu >> \Delta x$ ist. Wegen der wellenlängenabhängigen Absorption ist hier jedoch Vorsicht geboten.

Die Ionisation eines Gitteratoms benötigt einen Energie-Übertrag, um ein Elektron-Loch-Paar freizusetzen. Dieser Betrag wird Ionisationsenergie E_{Ion} genannt.

Nach Shockley setzt sich diese Ionisationsenergie aus folgenden Anteilen zusammen [30]:

$$E_{ion} = E_G + r \cdot E_R + 2E_E \,. \qquad (3.17)$$

Hierbei ist E_G die energetische Breite des verbotenen Bandes (Si; $E_G = 1{,}12$ eV), die Mindestenergie zur Erzeugung eines Elektron-Loch-Paares. Der Übertrag enthält jedoch auch Gitter-Anregungen (Phononen), z.B. das Schwingen zweier

Untergitter (flächenzentriert beim Diamant-Gitter) in entgegengesetzter Richtung, durch E_R ausgedrückt, r bedeutet die Anzahl der Phononen, die während eines einzelnen Ionisationsprozesses erzeugt werden. Weiterhin bedeutet E_E die kinetische Restenergie der Elektronen/Löcher, die keinen Ionisationsprozeß mehr ausführen können und daher auch zur Phononenerzeugung verbraucht werden.

Der experimentell erhaltene Zusammenhang zwischen der Ionisationsenergie E_{ion} und der Breite des verbotenen Bandes E_G für verschiedene Halbleiter ergibt folgenden rechnerischen Ausdruck, wenn man eine Gerade durch die verschiedenen Punkte legt (least square fit):

$$E_{ion} = 2{,}67\,E_G + 0{,}87 \qquad (eV) \tag{3.18}$$

In Abb. 3.27 ist die Quantenausbeute (Erzeugung von e/h-Paaren) als Funktion der Energie der Teilchen/Quanten für Silizium und Germanium aufgetragen. Auch hieraus kann man die Ionisationsenergie E_{ion} berechnen. Als eine Faustregel kann gelten, daß $E_{ion} \approx (2...3) \cdot E_G$ ist.

In Abb. 3.28 sind für die wichtigsten Materialien die Ionisationsenergie E_{ion} und die pro rad erzeugte Elektron-Loch-Konzentration pro cm^3 angegeben.

Für die Elektron-Loch-Paar-Erzeugung pro cm^3 und pro rad wird die folgende Berechnung angewendet: Mit ρ = Dichte (g/cm^3) und E_{ion} = Ionisationsenergie (eV) zur Erzeugung eines Elektron-Loch-Paares ist

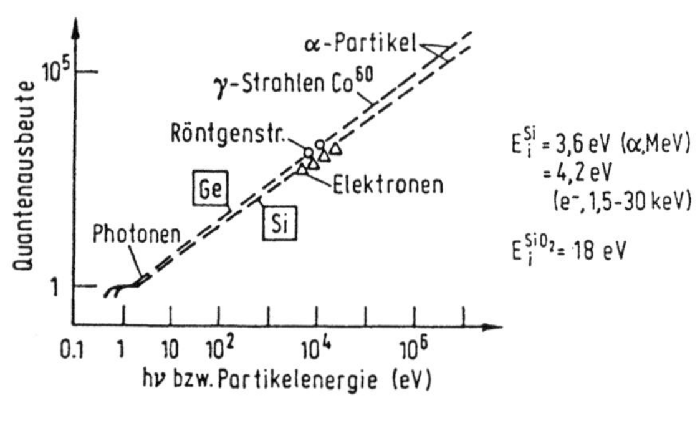

Abb. 3.27: Quantenausbeute als Funktion der Energie für Germanium und Silizium [31]

	E_{ion} Ionisations-energie in eV	g_0 Generationsrate der Elektron-Loch-Paare pro rad und cm^3
Silizium	3,6	$4 \cdot 10^{13}$
Siliziumdioxid	~ 18	$\sim 8 \cdot 10^{12}$
Galliumarsenid	~ 4,8	$\sim 7 \cdot 10^{13}$
Germanium	2,8	$1{,}2 \cdot 10^{14}$

Abb. 3.28: Ionisationsenergien für die Elektron-Loch-Paar-Generation und die pro rad erzeugten Paardichten

$$g_o = \frac{(100 \, \frac{\text{erg}}{\text{g rad}}) \cdot \rho}{(10^7 \, \frac{\text{erg}}{\text{J}})(1{,}6 \cdot 10^{-19} \, \text{J/eV}) \cdot E_{ion}} = \frac{6{,}25 \cdot 10^{13} \cdot \rho}{E_{ion}} \tag{3.19}$$

für Si

$$g_o = \frac{6{,}25 \cdot 10^{13} \cdot 2{,}33}{3{,}6} = 4 \cdot 10^{13} \quad \left(\frac{\text{e/h}}{\text{cm}^3 \text{rad(Si)}} \right) \tag{3.20}$$

Im SiO_2 werden etwa $8 \cdot 10^{12}$ (e/h)/(cm^3 rad(SiO_2)) generiert.

Beispiel: Homogenes Silizium wird für eine Zeit t = t_p = 10 µs mit einer Dosisrate von $\dot{D}$ = 10^5 rad(Si)/s belastet. Die absorbierte Dosis ist $D \cdot t_p$ = 1 rad(Si). Die Generationsrate für die Erzeugung von Elektron-Loch-Paaren pro cm^3s ist

$$G = g_o \cdot \dot{D} = 4 \cdot 10^{18} \, \frac{\text{e/h}}{\text{cm}^3 \text{s}} .$$

Dieser Vorgang wird jedoch durch den entgegengesetzten Prozeß der Rekombination vermindert: z.B. Minoritätsträger-Lebensdauer τ = 0,1 µs, wenn $\tau << t_p$, dann ist die Überschußladungsträger-Konzentration Δn während des Strahlungspulses gegeben durch

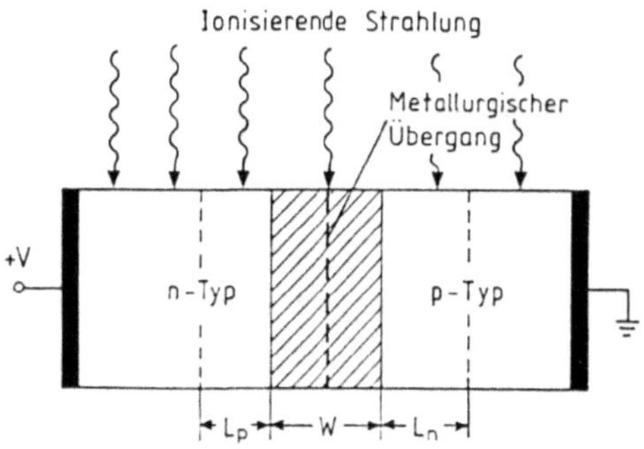

Abb. 3.29: Ein in Sperrichtung gepolter pn-Übergang unter Bestrahlung

$$\Delta n = G \cdot \tau = 4 \cdot 10^{11} \qquad (cm^{-3})$$

Wenn $t_p << \tau$, dann gilt

$$\Delta n(t) = \Delta n(t_{o+}) \cdot e^{-t/\tau}.$$

mit $\Delta n(t_{o+}) = G \cdot t_p$.

Die transiente und stationäre Generation von Elektron-Loch-Paaren und die hierdurch erzeugten Fotoströme sind das Ergebnis ionisierender Bestrahlung von pn-Übergängen. In Abb. 3.29 ist ein derartiger pn-Übergang dargestellt. Die Bestrahlung soll mit durchdringender Bestrahlung wie z.B. γ-Strahlung vorgenommen werden.

Der pn-Übergang in Abb. 3.29 ist in Sperr-Richtung gepolt, die folgenden Betrachtungen gelten jedoch auch für den Durchflußfall. In Sperr-Richtung wird der erzeugte Fotostrom zu einem Sperrstrom addiert, im Durchflußfall vom Durchlaßstrom abgezogen.

In Abb. 3.30 ist die Strom-Spannungs-Charakteristik dargestellt in Analogie zur Solarzelle.

Ohne Lastwiderstand und Spannungsanlegung wird der Fotostrom in Rückwärtsrichtung Kurzzschlußstrom genannt, unter Leerlaufbedingungen ist die entstehende Potentialdifferenz die Leerlaufspannung.

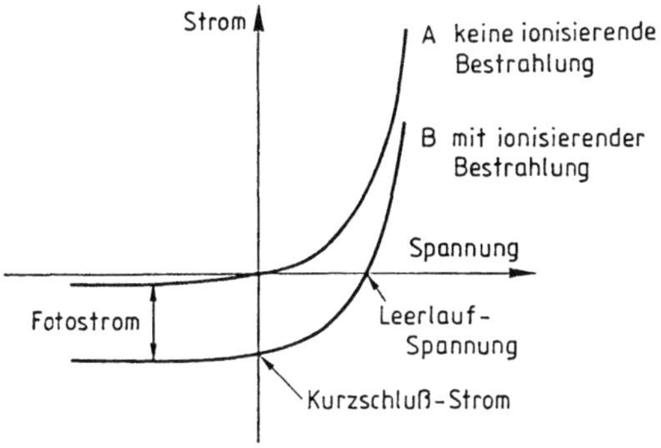

Abb. 3.30: Strom-Spannungs-Kennlinie für einen pn-Übergang mit und ohne ionisierende Bestrahlung

Elektron-Loch-Paare, in der Verarmungsschicht generiert, werden unter Feldeinfluß schnell separiert und aus diesem Gebiet abgezogen. Dieser prompte Anteil ist ein Teil des auftretenden Fotostromes. Ladungsträger, die innerhalb einer Diffusionslänge von der Raumladungszone entfernt generiert werden, werden durch diese Region diffundieren und gesammelt werden. Dieser Anteil ist die Diffusionskomponente und trägt ebenfalls zum Fotostrom bei. Dieser Anteil ist jedoch durch die Diffusionsvorgänge verzögert. Die Summe der prompten Driftkomponente und der verzögerten Diffusionskomponente wird als primärer Fotostrom bezeichnet.

Beispiele: [32]

1) Bestrahlungssprung:

Der primäre Fotostrom besteht aus der Driftkomponente I_{Drift} aus der Raumladungszone der Weite w und den Anteilen aus dem neutralen Volumen L_n und L_p ($w_B >> L_n, L_p$).

Der Driftanteil kann damit sofort als

$$I_{Drift} = q \cdot A \cdot g_o \cdot w \cdot \dot{D}$$

geschrieben werden.

Es gelten Rand- und Anfangsbedingungen

$$\left.\begin{array}{l} n - n_o = 0 \\ \\ p - p_o = 0 \end{array}\right\} \quad \text{für} \quad \left.\begin{array}{l} \text{n-seitigen} \\ \\ \text{p-seitigen} \end{array}\right\} \text{Rand der RLZ}$$

$$\left.\begin{array}{l} (\partial n/\partial t) = g_o\dot{D} \\ \\ (\partial p/\partial t) = g_o\dot{D} \end{array}\right\} \text{für Beginn der Bestrahlung } (t = t_{o+}) .$$

Der Diffusionsanteil ist

$$I_{Diff} = q \cdot A \cdot g_o \dot{D} \cdot L \cdot \mathrm{erf} \sqrt{(t/\tau)} .$$

Somit wird der totale primäre Fotostrom

$$I_{pp} = q \cdot A \cdot g_o \dot{D} \{w + L_n \,\mathrm{erf} \sqrt{(t/\tau_n)} + L_p \cdot \mathrm{erf} \sqrt{(t/\tau_p)}\}$$

und für $t >> \tau_n, \tau_p$ folgt der stationäre primäre Fotostrom

$$I_{pp} = q \cdot A \cdot g_o \cdot \dot{D} \{w + L_n + L_p\}$$

2) Bestrahlungspuls:

Für $0 \leqq t \leqq t_p$

$$I_{pp}(t) = q \cdot A \cdot g_o \dot{D} \{w + L_n \cdot \mathrm{erf} \sqrt{(t/\tau_n)} + L_p \cdot \mathrm{erf} \sqrt{(t/\tau_p)}\} ,$$

für $t > t_p$

$$I_{pp}(t) = q \cdot A \cdot g_o \dot{D} \{L_n [\mathrm{erf} \sqrt{(t/\tau_n)} - \mathrm{erf} \sqrt{(t-t_p)/\tau_n}]$$

$$+ L_p [\mathrm{erf} \sqrt{(t/\tau_p)} - \mathrm{erf} \sqrt{(t-t_p)/\tau_p}]\} .$$

Für den Grenzfall $t_p << \tau_n, \tau_p$ und t_p gegen 0 wird

$$I_{pp} = q \cdot A \cdot g_o \dot{D} \cdot w \qquad \text{für } 0 \leq t \leq t_p$$

und

$$I_{pp}(t) = (qA \cdot g_o \dot{D} t_p)/(\pi \cdot t)^{1/2} [\sqrt{D_n} \cdot \exp(-t/\tau_n) + \sqrt{D_p} \cdot \exp(-t/\tau_p)] \quad \text{für } t > t_p .$$

In Abb. 3.31 und Abb. 3.32 sind die Verläufe für den Bestrahlungssprung und für den Bestrahlungspuls dargestellt. Parameter in beiden Fällen sind:

n + p-Übergang, Sperrspannnung = 10 V
Weite der RLZ: 3,5 µm
$N_D = 10^{19}\,cm^{-3}$; $N_A = 10^{15}\,cm^{-3}$
$\tau_p = 10^{-8}s$; $\tau_n = 5 \cdot 10^{-6}s$
$L_p = 1{,}6\,\mu m$; $L_n = 78\,\mu m$
$A = 4 \cdot 10^{-6}\,cm^2$

In Abb. 3.31 ist ein stationärer Wert erreicht nach Zeiten, die lang gegen die Lebensdauern sind. In Abb. 3.32 ist der Verlauf nach einem sehr kurzen Strahlungspuls ($t_p = 10^{-9}s$) aufgezeichnet. Nach $10^{-9}s$ endet der ionisierende Puls und die schnelle Driftkomponente klingt sofort ab. Die Diffusionskomponente aus dem n-Material wird nach $10^{-8}s$ vernachlässigbar, was in der gerade noch bemerkbaren Beeinflussung der Abklingkurve bei $10^{-8}s$ sichtbar wird. Zu späteren Zeiten dominiert das Diffusionsverhalten aus dem p-Material.

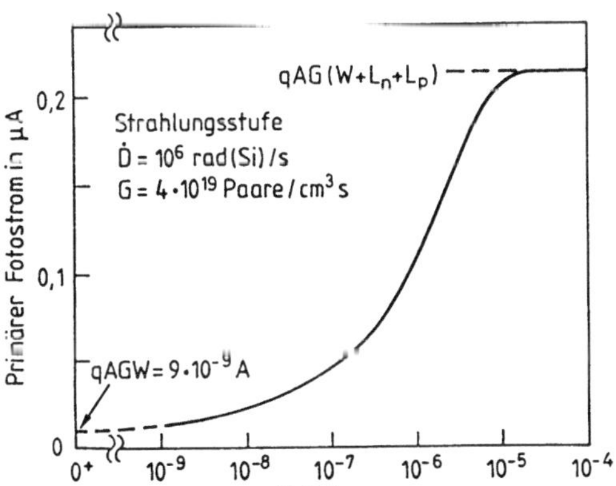

Abb. 3.31: Primärer Photostrom nach einem Strahlensprung in Abhängigkeit von der Zeit [32]

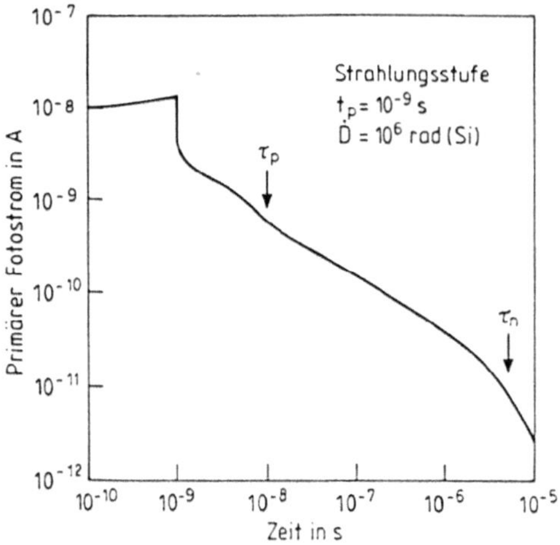

Abb. 3.32: Primärer Photostrom nach einem Strahlenpuls in Abhängigkeit von der Zeit [32]

In diesem Zeitpunkt soll darauf hingewiesen werden, daß single event upsets ebenso nach diesen grundsätzlichen Effekten ablaufen. Da dieses Problem stark bauteileorientiert ist, soll es in Kapitel 4 ausführlicher behandelt werden. Im Augenblick soll nur ganz kurz anhand der Abb. 3.33 darauf hingewiesen werden. Hier dringt ein α-Teilchen in eine p+n-Diode ein und produziert längs seiner Spur ein ionisiertes Gebiet mit einer außerordentlich hohen Konzentration an Elektron-Loch-Paaren.

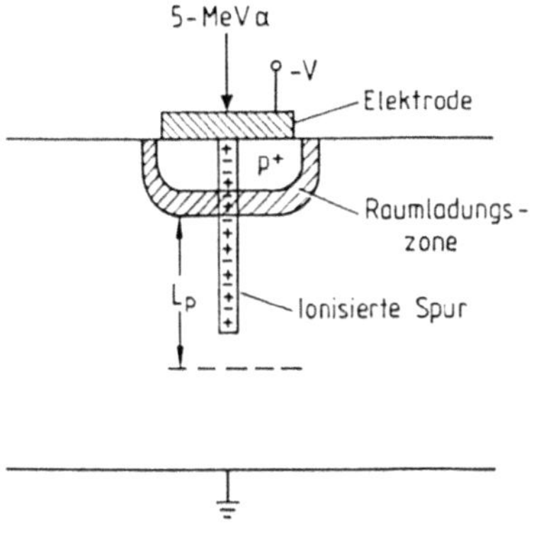

Abb. 3.33: Schematische Darstellung eines Ionentreffers für einen gesperrten pn-Übergang

Ein α-Teilchen mit einer Primär-Energie von ~ 5 MeV (z.B. aus radioaktiven Zerfällen) hat eine Reichweite im Silizium von ~ 25 µm. Diese Reichweite kann geringer sein als die Minoritätsträger-Diffusionslänge L_p im n-Substrat. Ein prompter Anteil aus der Raumladungszone wird sofort durch Drift erzeugt. Aus dem hochionisierten Bereich außerhalb der RLZ kann ebenfalls ein prompter Anteil folgen (charge funneling effect). Der verbleibende Teil der generierten Minoritätsträger folgt diesem schnellen Anteil verzögert durch Diffusionsvorgänge und wird an der negativen Elektrode aufgesammelt. Die Ionisation eines einzelnen α-Teilchens kann zu einem soft-error führen, wenn die erzeugte Ladungsmenge z.B. die Signalladung in einem logischen Schaltkreis löscht.

Das eben geschilderte Ereignis kann aber auch zu einem Zündvorgang parasitärer Vierschicht-Strukturen führen. Aufgrund lokaler Ionisationsereignisse kann das Gleichstrom-Verstärkungs-Produkt $\beta_1 \cdot \beta_2 > 1$ zum Zündvorgang führen (s. Kapitel 4). Transiente Vorgänge an realen Strukturen sind außerordentlich komplex und können nur mit Hilfe von dreidimensionalen Simulationsprogrammen zufriedenstellend gelöst werden.

3.4 Siliziumdioxid: Defekte im Volumen und an der Phasengrenze

Die wesentlichen Effekte bei Bestrahlung von MOS-Strukturen sind

- Aufbau positiver Ladungen im SiO_2
- Erhöhung der Dichte der Phasengrenzzustände an der Phasengrenze Si/SiO_2
- Erzeugung von Elektronen-Traps im SiO_2

Diese Veränderungen beeinflussen folgende Eigenschaften in MOS-Bauelementen:

- Lage von Schwellspannungen
- Verringerung der Kanalbeweglichkeit und damit der Steilheit.

In MOS-Schaltkreisen werden Fotoströme erzeugt und daraus können single event upsets (soft errors oder latch up) resultieren.

Der Einsatz von MOS-Bauteilen in Satelliten-Missionen ist dann besonders attraktiv, wenn es um hohe Komplexität bei geringem Raumbedarf, geringe Leistungsaufnahme und Immunität gegen transiente Einzelereignisse geht.

Gegen derartige Einsätze spricht die Empfindlichkeit von MOS-Bauteilen gegen ionisierende Strahlung und die Ionisationsereignisse, die mit einzelnen hochenergetischen Ionen zusammenhängen.

In Abb. 3.34 ist ein Querschnitt durch einen MOS-Transistor dargestellt. Es ist daraus ersichtlich, daß es zwei Typen von Oxid-Schichten gibt:

- das Gate-Oxid und
- das Feld-Oxid.

Die Prozesse, die in beiden Oxiden bei der Bestrahlung ablaufen, sind qualitativ identisch und sollen anhand des Gate-Oxids beschrieben werden. Es soll jedoch schon hier darauf hingewiesen werden, daß Technologie und Aufbau der Bauelemente einen entscheidenden Einfluß auf die Empfindlichkeit der Bauelemente in bezug auf Strahlung haben.

In der Planartechnologie mit isolierenden Deckschichten zur Passivierung gegen Verunreinigungen ist der Einfluß der Deckschichten ebenfalls für die Strahlungsempfindlichkeit (besonders bei niedrigen Dosiswerten) zu beachten. Der hierdurch geprägte "total dose effect" ist für das Ausfallverhalten moderner Bauelement-Technologie (nicht nur MOS) die wesentliche Quelle.

Abb. 3.35 zeigt das Energie-Bänder-Modell für das SiO_2/Si-System. Abb. 3.35a zeigt die Situation, wenn HL und Gate-Kontakt kurzgeschlossen sind. Die Bandlücke für SiO_2 ist 8,8 eV. Obwohl es sich hier nur um ein bereichsweise kristallines Material handelt, zeigen Absorptionsmessungen eine optische Absorptionskan-

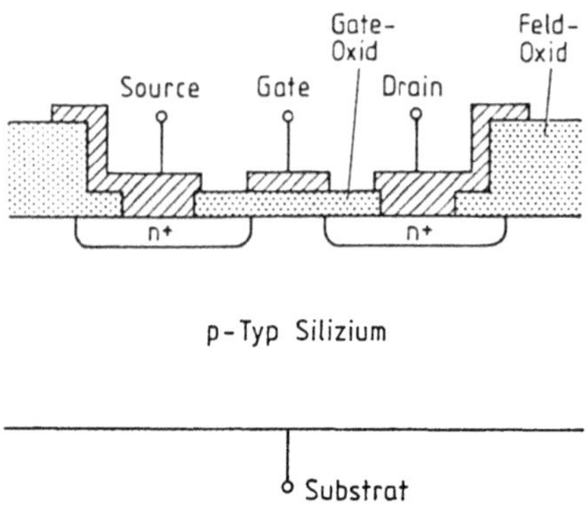

Abb. 3.34: Querschnitt durch einen MOS-Transistor

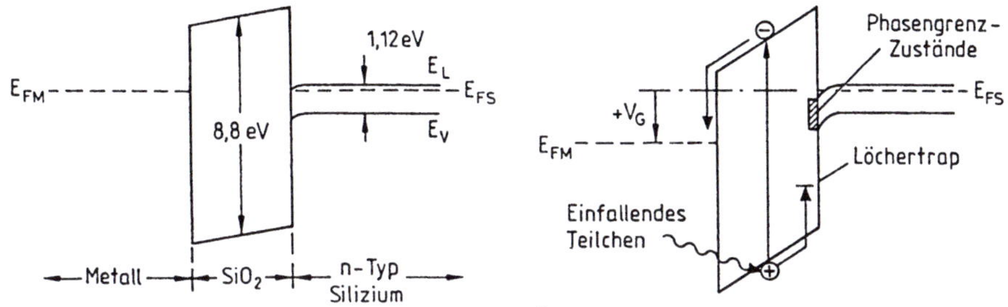

a b

Abb. 3.35: Bänderschema für eine MOS-Struktur, (a) kurzgeschlossen und b) mit positiver Gate-Spannung. In (b) ist außerdem die Wirkung der Strahlung angedeutet.

te, die eine Beschreibung im Sinne eines Bändermodells gestattet. Der Abstand zwischen Leitungsband Si und Leitungsband SiO_2 beträgt etwa 3,2 eV, ein Wert, der für Injektionen von Elektronen in das SiO_2-Leitungsband eine Rolle spielt. Die leichte Bandverbiegung des Si-Leitungsbandes ist auf die Differenz der Austrittsarbeiten zurückzuführen. Daher ist die Flachbandspannung auch für ideale MOS-Strukturen negativ. Im unteren Bild (Abb. 3.35b) ist das Gate positiv gepolt und das Silizium ist in starker Anreicherung (Accumulation). Zusätzlich ist hier die Wirkung der ionisierenden Strahlung zu sehen: Elektron-Loch-Paare werden im SiO_2 generiert. Durch das angelegte Feld werden diese Ladungen getrennt, wobei die Elektronen mit hoher Beweglichkeit in Richtung Gate, die Löcher mit geringer Beweglichkeit in Richtung Phasengrenze driften. Hierbei kann das Loch in phasengrenznahen Bereichen durch Traps eingefangen werden und so zu einem positiven Ladungsaufbau beitragen. Als Resultat dieses Ladungsaufbaus können an der Phasengrenze zusätzliche Phasengrenzzustände gebildet werden. Eine wichtige Unterscheidung dieser Effekte ist, daß Phasengrenzzustände über die Lage des Fermi-Niveaus im Si mit dem Silizium in Ladungsaustausch treten können, die Oxid-Ladungen jedoch nicht.

In Abb. 3.36 ist eine vereinfachte Darstellung des Ladungsaufbaus im SiO_2 für eine MOS-Struktur mit n-Silizium gegeben. In a) ist die Situation vor Beginn der Bestrahlung dargestellt. Am Gate-Kontakt ist eine positive Spannung bezüglich des Si-Rückkontakts angelegt. Zur Zeit $t = 0$ in b) wird ein Ionisationspuls an die Probe abgegeben. Die hierbei entstehenden Elektron-Loch-Paare sind über $g_0 = 8 \cdot 10^{12}$ (e/h)/(cm^3 rad(SiO_2)) aus Abb. 3.28 zu berechnen zu

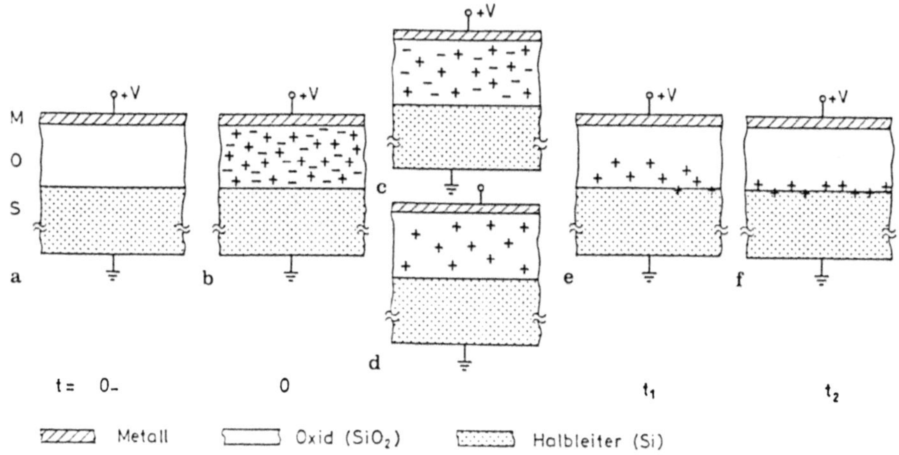

Abb. 3.36: Zeitlicher Verlauf der Ladungserzeugung in einer MOS-Struktur nach einem Strahlenblitz

$$\Delta n = \Delta p = g_o \cdot A \cdot d_{ox} \cdot D\,. \qquad (3.21)$$

Hierbei ist A die Gate-Fläche, d_{ox} die Oxid-Dicke.

Nach Beendigung des Strahlungspulses $t = 0_+$ beginnen zwei Prozesse gleichzeitig:

1) Eine Anzahl der Elektron-Loch-Paare wird rekombinieren

$$\Delta n = \Delta p = g_o \cdot A \cdot d_{ox} \cdot D \cdot f_H\,, \qquad (3.22)$$

wobei f_H den Anteil der separierten zum Anteil der generierten Ladungsträger bezeichnet oder $1\text{-}f_H$ den Anteil der rekombinierten Ladungsträger. f_H ist vom Feld abhängig, welches über dem SiO_2 liegt, und von der Art der Erzeugung der Ladungsträger (homogen oder inhomogen ionisierte Gebiete).

2) Die Ladungsträger werden im Feld transportiert, wobei die Beweglichkeit der Löcher und Elektronen stark unterschiedlich ist ($\mu_{HSiO_2} \approx 2 \cdot 10^{-5}$ cm²/Vs, $\mu_{eSiO_2} = 20$ cm²/Vs bei Raumtemperatur). Das bedeutet, daß die Elektronen sehr schnell ($\Delta t < d_{ox}/(\mu \cdot E_{ox}) \approx 0{,}5$ ps) herausgetrieben werden, relativ dazu aber die Löcher ($\Delta t < 1\mu s$) langsam im Feld driften.

D.h. nach einer sehr kurzen Zeit sind im Oxid nur noch Löcher entsprechend Gl. (3.22) vorhanden:

$$\Delta p = g_o \cdot A \cdot d_{ox} \cdot D \cdot f_H . \quad (3.23)$$

Diese Löcher bewegen sich aufgrund des Feldes in Richtung Phasengrenze und ein Teil von ihnen wird nahe der Phasengrenze in bis dahin neutralen Traps eingefangen:

$$\Delta p_{getrappt} = g_o \cdot A \cdot d_{ox} \cdot D \cdot f_H \cdot A^* , \quad (3.24)$$

wobei A^* = Löcher-Trapping-Faktor das Verhältnis von getrappten zu separierten Löchern angibt. Die hierdurch aufgebaute Dichte von positiven Ladungen im Oxid ist gegeben durch

$$Q_{0t} = q \cdot g_o \cdot d_{ox} \cdot D \cdot f_H \cdot A^* \qquad \text{in C/cm}^2 . \quad (3.25)$$

Der Löcher-Trapping-Faktor ist stark von den Verhältnissen im Oxid nahe der Phasengrenze abhängig (z.B. Dichte neutraler Traps) und daher stark technologieabhängig.

Geht man zunächst vereinfachend davon aus, daß diese neutralen Traps im Übergangsgebiet vom SiO_2 zum Si lokalisiert sind (50 Å von der Phasengrenze), so ist die Spannungsverschiebung gegeben durch

$$\Delta V = - Q_{0t}/C_{0x} \quad (3.26)$$

mit $C_{0x} = (\varepsilon_0 \varepsilon_{SiO_2})/(d_{ox})$ als flächenbezogene Oxid-Kapazität.

In Abb. 3.37 sind die zu den zeitliche Abläufen der Abb. 3.36 gehörigen CV-Verläufe dargestellt. Die Charakteristik 0_- bezeichnet den Fall vor Bestrahlung. Nach Rekombination und Abdriften der Elektronen $t = 0_+$ (Abb. 3.36) befindet sich die maximale Anzahl positiver Ladungen im Oxid und dementsprechend ist die negative Verschiebung über der Spannungsachse maximal. Für $t = t_1$ sind Teile der Löcher in neutralen Traps eingefangen, ein Teil ist jedoch über die Phasengrenze hinweg in das Si gewandert und nach einigen µs ist nur noch der Teil an positiver Ladung präsent, der fest getrappt ist (Abb. 3.36). Bei dem zeitlichen Ablauf ist zu beachten, daß die Löcherbeweglichkeit stark dispersiv ist (Löcherleitung über hopping-Prozesse), so daß die Zeitskala stark gedehnt werden muß.

Wird bei tiefen Temperaturen (T = 80 K) bestrahlt, so ist die Löcherbeweglichkeit so gering, daß der Zustand in Abb. 3.36 "eingefroren" wird und die Spannungsverschiebung in diesem Temperaturbereich weit größer als bei Raumtemperatur ist.

Der in Gl. (3.22) eingeführte Faktor f_H, der die Ausbeute an Teilchen angibt, die einer Rekombination entgehen, ist eine starke Funktion des Feldes und der Ionisationswirkung der geladenen Bestrahlungsteilchen. Die Wahrscheinlichkeit, daß generierte Elektron-Loch-Paare getrennt werden, ist bei höherem Feld größer. Bei der möglichen Rekombination unterscheidet man zwei Mechanismen:

1) Rekombination von Teilchen, die beim gleichen Ionisationsprozeß erzeugt wurden (geminate recombination). Dieser Prozeß ist wichtig für Elektronen- und γ-Bestrahlung mit ihren relativ isolierten Generationsprozessen.

2) Rekombination von Teilchen, die längs einer Plasmaspur beweglich sind und über höhere Reichweiten hinweg den Rekombinationspartner finden (columnar recombination). Das ist der Prozeß, der bei α-Teilchen und schwereren geladenen Ionen dominiert.

   (Von einem einzelnen 1 MeV-Elektron werden etwa 20 e/h-Paare pro μm Weglänge, von einem 1 MeV α-Teilchen etwa 20000 e/h-Paare auf der gleichen Strecke erzeugt).

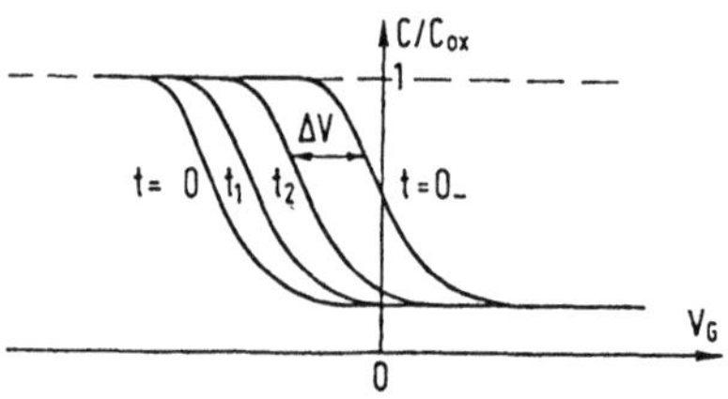

Abb. 3.37: Die in der zeitlichen Folge von Abb. 3.38 auftretenden CV-Verläufe

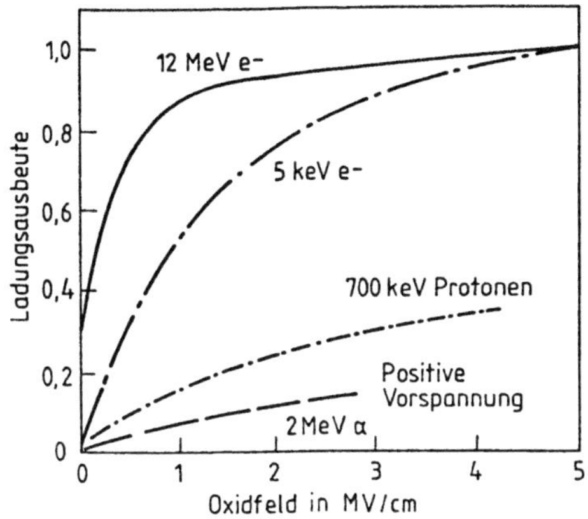

Abb. 3.38: Die Ausbeute von getrennten Elektron-Loch-Paaren in Abhängigkeit vom angelegten Feld über dem SiO_2. Parameter sind unterschiedliche Teilchen bei unterschiedlichen Energien [33].

In Abb. 3.38 wird der Anteil der getrennten zur Anzahl der generierten Ladungsträger in Abhängigkeit von der Feldstärke für Teilchen unterschiedlicher Ionisationsfähigkeit dargestellt. f_H wird hier als fractional yield bezeichnet. Für Feldstärken von etwa 1 MV/cm über dem SiO_2 hat man eine 90 %ige Separation, wenn die Bestrahlung mit 12 MeV-Elektronen, dagegen eine nur etwa 5 %ige Trennung, wenn sie mit 2 MeV α-Teilchen durchgeführt wurde.

Der in Gl. (3.24) eingeführte Löcher-Trapping-Faktor A* kann Werte zwischen 1 % und etwa 70 % annehmen, abhängig von technologischen Schritten der Oxidation. Er entscheidet letztendlich über die Empfindlichkeit einer MOS-Technologie, insbesondere, ob ein MOS-Bauelement als "hart" (A* ≈ 1 %) oder als "weich" (A* > 30 %) bezeichnet werden kann. Ein Ziel der Strahlungshärtung von MOS-Bauteilen ist, den Löcher-Trapping-Faktor so klein wie möglich zu machen. Die technologischen Aspekte der Strahlungshärtung werden in Abschnitt 4.5 behandelt.

Bisher wurde nur auf den Ladungsaufbau im SiO_2 eingegangen und der Einfluß der Bestrahlung auf die Generationsprozesse von Phasengrenzzuständen ignoriert. Die Behandlung dieses Problemkreises soll nach einer etwas detaillierteren Behandlung der Wirkung der Q_{Ot} im Mittelpunkt stehen.

Die bisher abgeleiteten Zusammenhänge für den Aufbau der Oxid-Ladung und die damit verbundene Verschiebung z.B. der CV-Charakteristik über der Gate-Spannungsachse sollen im weiteren erweitert werden, und die Generation von Phasengrenzzuständen an der Phasengrenze Si/SiO_2 soll mitberücksichtigt werden. Diese - vereinfachte - Behandlung stellt ein Handwerkszeug für die Einbeziehung strahlungsinduzierter Ladungen in Bauelement-Berechnungen dar.

In der Praxis treten jedoch sehr komplizierte Erscheinungsformen auf, die Modelle zur Beschreibung der Vorgänge sehr komplex machen. Es sollen daher später die Abweichungen von dieser vereinfachten Behandlung diskutiert werden.

Zum Abschluß dieses Kapitels werden dann einige spekulative Modelle vorgestellt.

Die durch Bestrahlung erzeugte, in Oxid-Traps eingefangene Ladung positiver Polarität wurde ermittelt (Gl. (3.25)) zu

$$Q_{Ot} = q \cdot g_0 \cdot d_{ox} \cdot D \cdot f_H \cdot A^* \quad \text{in Ccm}^{-2}$$

und die damit verbundene Spannungs-Shift (Gl. (3.26)) zu

$$\Delta V = -\frac{Q_{Ot}}{C_{ox}}$$

$$C_{ox} = \frac{\varepsilon_o \, \varepsilon_{SiO_2}}{d_{ox}},$$

mit der flächenbezogenen Oxid-Kapazität.

Hierbei wurde vorausgesetzt, daß

- am Gate eine positive Spannung liegt
- die Überschußlöcher aus dem gesamten Isolator-Gebiet stammen und
- die getrappte positive Ladung in einer Ladungsschicht unmittelbar an der Phasengrenze Si/SiO_2 lokalisiert ist.

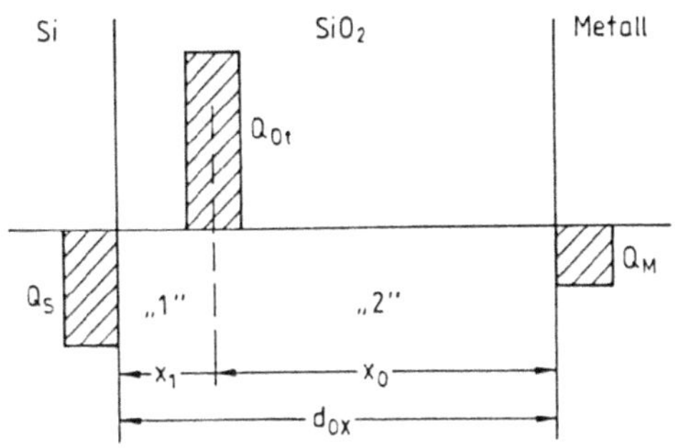

Abb. 3.39: Schematische Darstellung der Ladungsverteilung in einer MOS-Struktur [34]

Diese Voraussetzungen sollen nun fallengelassen werden. Jede örtlich verteilte Raumladung $\rho_{ox}(x)$ im Isolator läßt sich durch eine Flächenladung Q_{Ot} mit der Schwerpunktslage x_0 im Isolator darstellen. In Abb. 3.39 ist das aufgezeichnet. Aus Gründen der Ladungsneutralität muß gelten

$$Q_M + Q_{Ot} + Q_S = 0 \tag{3.27}$$

Aus einfachen elektrostatischen Überlegungen folgt:

$$Q_S = \frac{x_o}{d_{ox}} \cdot Q_{Ot}. \tag{3.28}$$

Um den gleichen Bandverbiegungszustand im Si wie vor der Bestrahlung wiederherzustellen, muß ein zusätzliches Potential ΔV am Gate-Kontakt angelegt werden:

$$-Q_S = \Delta V \frac{\varepsilon_o \varepsilon_{SiO_2}}{d_{ox}} \tag{3.29}$$

mit ε_{SiO_2} = 3,9 und $\varepsilon_0 = 8{,}854 \cdot 10^{-14}$ F/cm = 0,08854 pF/cm.

Daraus folgt

$$\Delta V = -\frac{Q_{Ot} \cdot x_o}{\varepsilon_o \varepsilon_{SiO_2}} = -q\,\frac{N_{Ot} \cdot x_o}{\varepsilon_o \varepsilon_{SiO_2}} \tag{3.30}$$

wobei N_{ot} die Anzahl der getrappten Löcher bzw. die Anzahl der durch Löcher besetzten Traps ist. Mit den bereits vorher eingeführten Größen g_0, f_H und A^* wird die Anzahl der eingefangenen Ladungen pro Fläche

$$Q_{Ot} = q \cdot N_{ot} = q \cdot g_0 \cdot x_C \cdot f_H \cdot D \cdot A^* \tag{3.31}$$

Hierbei wird durch x_C berücksichtigt, daß in Abhängigkeit von der Polarität der angelegten Spannung entweder x_0 oder x_1 als "Sammelzone" eingesetzt werden muß, d.h.

$$x_C = x_0 \quad \text{für} \quad V_G > 0 \quad \text{Region "2"}$$
$$x_C = x_1 \quad \text{für} \quad V_G < 0 \quad \text{Region "1".}$$

Damit wird die durch die Bestrahlung hervorgerufene Spannungsverschiebung

$$\Delta V = - \frac{q g_0}{\varepsilon_0 \varepsilon_{SiO_2}} \cdot x_0 \cdot x_C \cdot f_H \cdot D \cdot A^* \ . \tag{3.32}$$

Die Spannungsverschiebung ΔV ist in ihrer Größe daher abhängig von der Polarität des während der Bestrahlung angelegten Feldes (über x_C) und vom Ort des Schwerpunktes der getrappten Ladung.

Der lineare Zusammenhang zwischen ΔV und D wird für kleine Dosiswerte vom Experiment gut bestätigt. In Abb. 3.40 ist ein derartiges Ergebnis dargestellt.

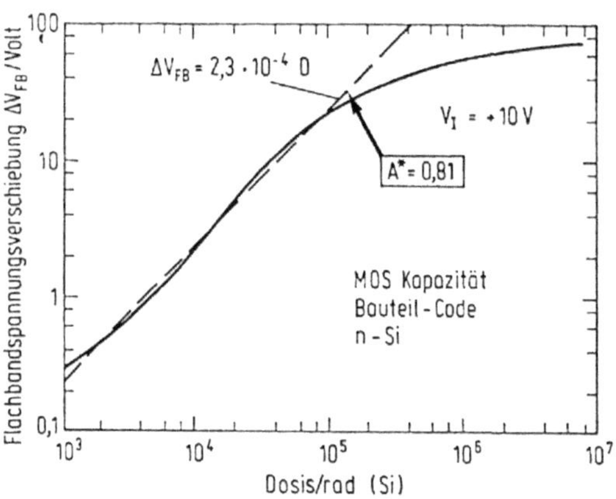

Abb. 3.40: Flachbandspannungsverschiebung als Funktion der absorbierten Dosis. Das Sättigungsverhalten ab 100 krad ist deutlich zu sehen [34].

Bei Gl. (3.32) geht man davon aus, daß der Vorrat an neutralen Traps, die Löcher aufnehmen können, nicht begrenzt ist. Ist diese Anzahl jedoch erschöpflich oder bewirkt eine hohe örtliche Ladung den Aufbau nennenswerter interner Felder, werden sowohl der Löcher-Trapping-Faktor A* als auch f_H (Verhältnis von getrennten zu generierten Löchern) kleiner. Das führt zu einer zunehmenden Sättigung von ΔV (Abb. 3.40).

Ist N_T die Anzahl neutraler Traps pro Fläche, dann gilt für den Sättigungswert ΔV_∞

$$\Delta V_\infty = - \frac{q \cdot x_o N_T}{\varepsilon_o \varepsilon_{SiO_2}} \tag{3.33}$$

für den Fall der Trap-Erschöpfung.

Es kann ebenso gezeigt werden, daß durch die Verringerung des elektrischen Feldes in der für die Ladungssammlung zuständigen Region x_C der Sättigungswert ΔV erreicht wird zu

$$\Delta V_{Sat_+} = - V_{G\,irr} \left(\frac{x_o}{d_{ox} - x_o} \right) \text{für } V_G > 0$$

und

$$\Delta V_{Sat_-} = - V_{G\,irr} \qquad \text{für } V_G < 0 \tag{3.34}$$

Hierbei ist V_{Girr} die während der Bestrahlung anliegende Gate-Spannung V_G.

Den Löcher-Trapping-Faktor A*, der die Wahrscheinlichkeit angibt, daß durch ein neutralesTrap ein Loch eingefangen wird, kann man als Produkt aus Dichte der neutralen Traps N_T und Einfangquerschnitt σ (cm²) angeben

$$A^* = N_T \cdot \sigma \tag{3.35}$$

Experimentell bestimmte Werte für σ liegen in der Größenordnung $5 \cdot 10^{-12}$ bis $5 \cdot 10^{-13}$cm². Hieraus läßt sich ΔV_∞ bestimmen. In Abb. 3.41 ist das Ergebnis dieser Berechnungen (Gl. (3.32)-(3.35)) schematisch dargestellt.

Es ist bekannt, daß neben positiven Oxid-Ladungen im Volumen des SiO_2 an der Phasengrenze Si/SiO_2 Zustände gebildet werden, deren Energie-Niveaus im ver-

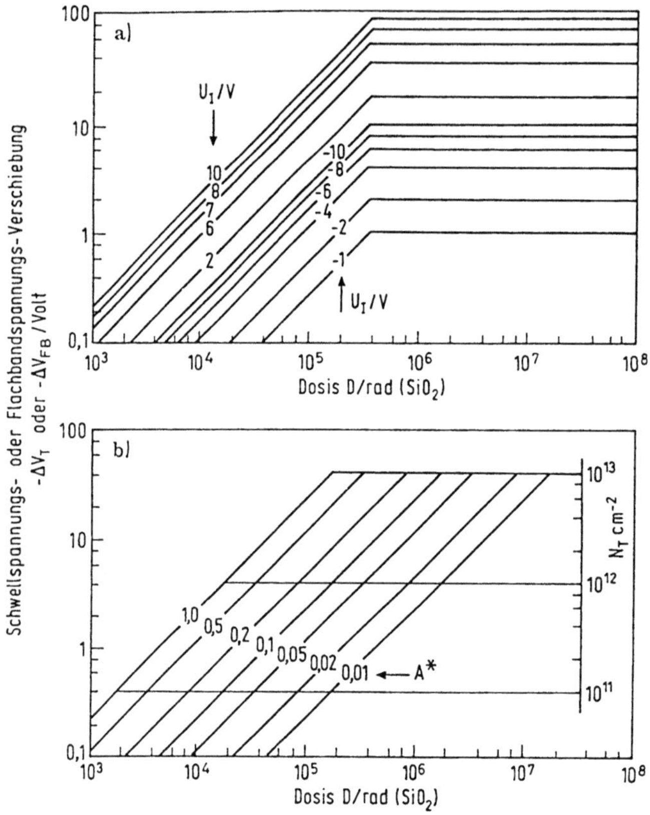

Abb. 3.41: Berechnete Werte der Flachbandspannungsverschiebung in Abhängigkeit von der absorbierten Dosis. Parameter sind (a) anliegende Spannung während der Bestrahlung, (b) Löcher-Trapping-Faktor [34] (d_{ox} = 100 nm)

botenen Band liegen. Diese zusätzlich erzeugten Phasengrenzzustände sind nicht eine direkte Folge der Wechselwirkung mit der Strahlung. Abb. 3.42 illustriert das anhand von UV-Bestrahlungs-Untersuchungen. Niederfrequenz- und Hochfrequenz-CV-Kurven zeigen Verschiebung und Verschleifung, die durch die Entstehung nicht nur von Oxid-Ladungen sondern auch von Phasengrenzzuständen hervorgerufen werden. Erst wenn die Energie der Photonen den Bandabstand des SiO_2 (≈ 8,8 eV) übersteigt, werden nennenswerte Zahlen von Elektron-Loch-Paaren gebildet. Da die UV-Beleuchtung jedoch bereits in den ersten 100 Å absorbiert wird, die Phasengrenze Si/SiO_2 daher nicht erreicht wird, müssen Transportvorgänge im SiO_2 für die Entstehung dieser Phasengrenzzustände verantwortlich sein.

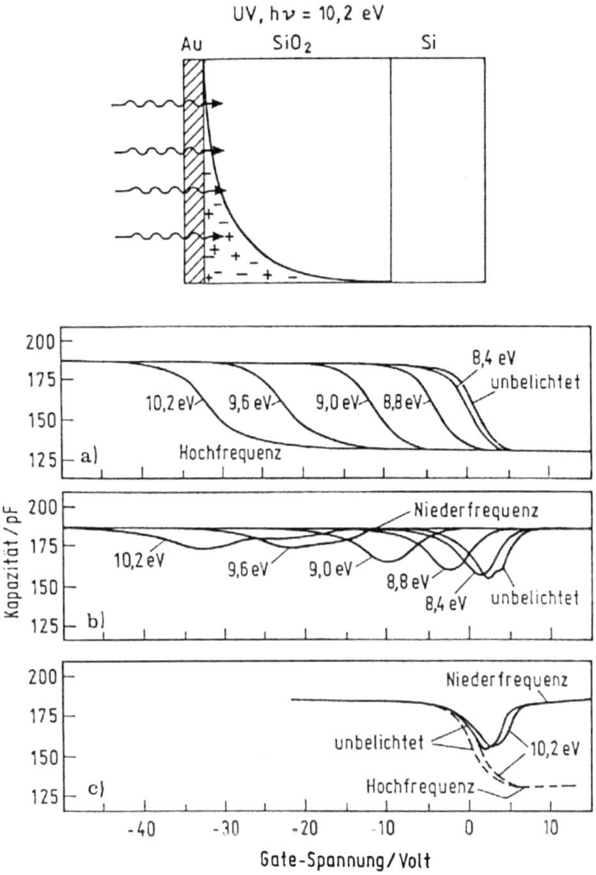

Abb. 3.42: Verschiebung der CV-Kennlinien verursacht durch Beleuchtung mit kurzwelligem Licht [35]. Die beiden oberen Darstellungen (a) und b)) ergeben das Verhalten bei positiver Gatespannung, unten jedoch (c)) bei negativer Gatespannung.

Die grundsätzliche Schwierigkeit einer quantitativen Analyse aus C(V) oder I(V)-Verläufen ist die fehlende Eindeutigkeit der Aussage.

$$\Delta V = -\frac{1}{C_{ox}}(Q_{it} + Q_{Ot}) \qquad (3.36)$$

Aus Gl. (3.36) geht hervor, daß durch elektrische Messungen die Ladungsanteile von den Phasengrenzzuständen Q_{it} und von den festen Oxid-Ladungen Q_{Ot} nicht in Einzelanteile aufgelöst werden können. Aufgrund ihrer unterschiedlichen Definitionen werden sie getrennt behandelt, sind aus der Messung jedoch nicht unterscheidbar.

Berücksichtigt man außerdem, daß beide Ladungsanteile durch unterschiedliche physikalische Mechanismen erzeugt werden können, dann kann allein schon eine charakteristische Änderung der Flachbandspannung von MOS-Varaktoren oder Schwellspannungen von MOS-Transistoren zu vollkommen gegensätzlichen Deutungen führen.

Gl. (3.36) bestätigt, daß man den Begriff der Strahlungshärte unterschiedlich definieren kann.

1) Eine charakteristische Spannungsverschiebung (z.B. ΔV_{FB}) kann durch gegenläufige Q_{it} und Q_{Ot} kompensiert werden, unabhängig von der absoluten Größe von Q_{it} und Q_{Ot}.

2) Q_{it} und Q_{Ot} müssen beide klein gehalten werden.

Es ist sicher vernünftig, die zweite Definition zu wählen, vorausgesetzt, beide Anteile können getrennt analysiert werden.

Ergebnisse von Tunnelinjektionsexperimenten [36] zeigen, daß eine derartige Trennung vorgenommen werden kann. Einige Ergebnisse sind nur zu erklären, wenn man den Midgap-Punkt als Neutralpunkt für die Ladung in den Phasengrenzzuständen auffaßt. D.h., wenn das Fermi-Niveau im Midgap-Punkt liegt, ist $Q_{it} = 0$. Das ist aus Plausibilitätsgründen nur möglich, wenn in der oberen Hälfte des verbotenen Bandes die Phasengrenzzustände Akzeptorcharakter, in der unteren Hälfte des verbotenen Bandes Donatorcharakter besitzen.

Obwohl nicht vollständig beweisbar, hat diese Hypothese in den letzten Jahren einerseits Bestätigung gefunden, andererseits zu einer Fülle von neuen Ergebnissen geführt.

Für die Auswertung von MOS-CV-Verläufen hat das Vorhergesagte folgende Konsequenzen:

- Die Lage der Midgap-Kapazität bzw. die Verschiebung dieses Wertes längs der Gate-Spannungsachse ist ein Maß für die durch Bestrahlung erzeugte Oxid-Ladung.

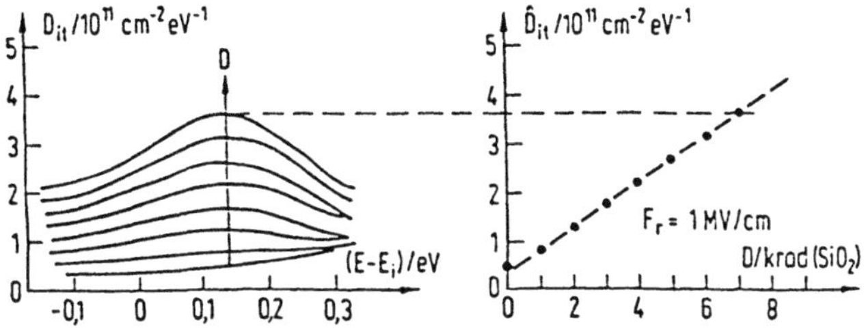

Abb. 3.43: Erzeugung von Phasengrenzzuständen innerhalb des verbotenen Bandes und linearer Verlauf zwischen Phasengrenzzuständen und absorbierter Dosis [36]

- Eine Trennung von Q_{Ot} und Q_{it} ist über den gesamten Kapazitätsverlauf möglich, da die Phasengrenzzustandsdichte $D_{it}(E)$ getrennt (z.B. aus HF- und NF-Kapazität) bestimmt werden kann.

- Strahlungshärte kann durch Minimierung von Q_{Ot} und Q_{it} erreicht werden.

In Abb. 3.43 ist die Verteilung der durch Strahlung erzeugten D_{it} und die Änderung eines ausgezeichneten Wertes D_{it} über der Dosis dargestellt.

Zumindest im hier gezeigten niedrigen Dosisbereich ist ein linearer Zusammenhang zwischen D_{it} und Dosis klar zu erkennen. Es ist ein für Bestrahlung typisches Maximum bei etwa 0,15 eV oberhalb Midgap in einer ansonsten typischen U-förmigen Verteilung zu erkennen. Derartige strukturelle Verteilungen sind wichtig für die modellmäßige Beschreibung des Strahlenschadens.

In Abb. 3.40 war bereits ein linearer Verlauf zwischen der erzeugten Oxid-Ladung und der Dosis gefunden worden. Aus dem Verlauf von Abb.3.43 für $\Delta D_{it} \sim D$ läßt sich nun der Schluß ziehen, daß ein enger Zusammenhang zwischen getrappten Ladungen im Oxid nahe der Phasengrenze und den Phasengrenzzuständen besteht.

Experimentelle Ergebnisse und Abweichungen vom einfachen Modell

In Abb. 3.44 ist der Verlauf der Flachbandspannungs-Verschiebung über der während der Bestrahlung anliegenden Spannung für zwei verschiedene Temperaturen zu sehen.

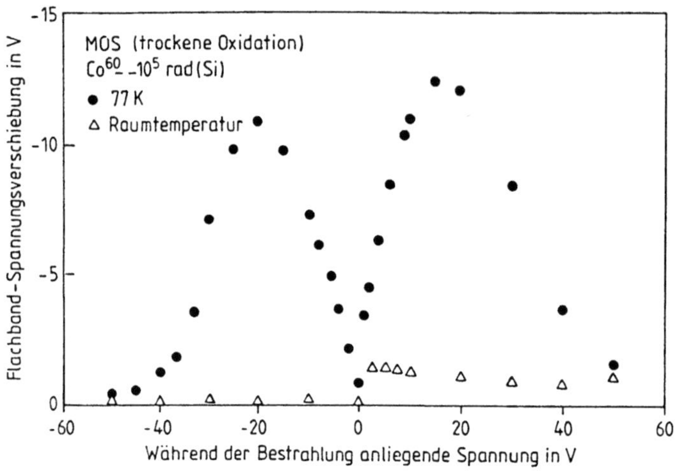

Abb. 3.44: Verschiebung der Flachbandspannung in Abhängigkeit von der während der Bestrahlung anliegenden Spannung für zwei Temperaturen [37]

Die bei 77 K unbeweglichen Löcher bewirken eine höhere Spannungsverschiebung ($A^* = 1$) als bei Raumtemperatur. Das vorhergesagte Sättigungsverhalten ist durch zusätzliche Aktivierung aufgrund hoher Felder (Frenkel-Poole) erschwert. Bei RT ist die Unsymmetrie aufgrund der Lage des Schwerpunktes klar zu erkennen.

In Abb. 3.45 ist die Abhängigkeit der Midgap-Spannungs-Verschiebung von der Oxid-Dicke dargestellt.

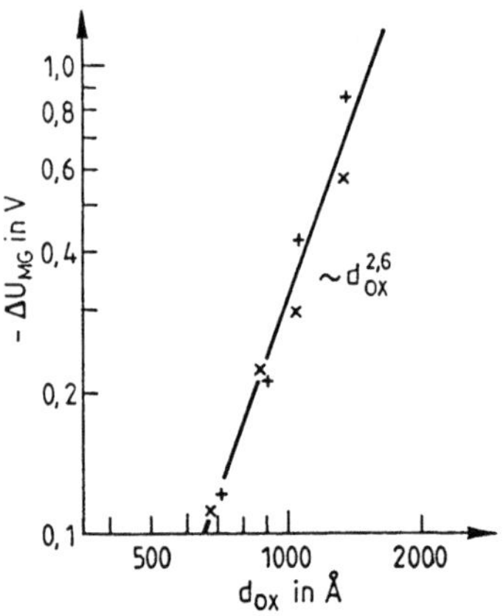

Abb. 3.45: Verschiebung der Midgap-Spannung in Abhängigkeit von der Oxid-Dicke [38]

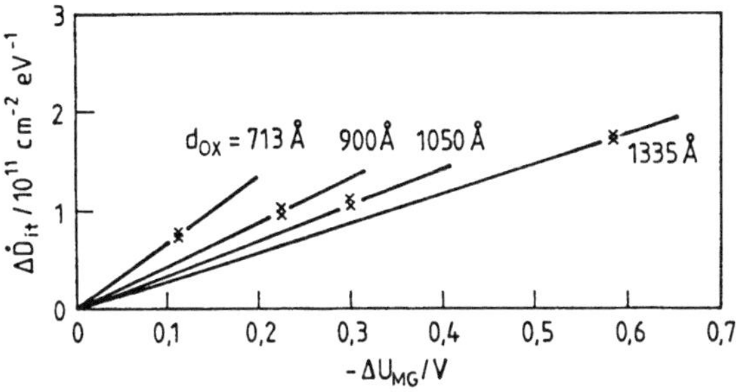

Abb. 3.46: Darstellung des linearen Zusammenhanges zwischen den durch Bestrahlung erzeugten Phasengrenzzuständen und Oxid-Ladungen [38]

In der Literatur findet man neben der hier ermittelten $d_{ox}^{2,6}$-Abhängigkeit quadratische und kubische Abhängigkeiten. Für die ΔD_{it} = $f(d_{ox})$-Abhängigkeit findet man allgemein einen linearen Zusammenhang, wobei der Proportionalitätsfaktor stark technologieabhängig ist (Abb.3.46).

Die temperaturabhängige Spannungsverschiebung von Abb. 3.44 läßt den Schluß zu, daß für den Aufbau von Q_{Ot} und D_{it} zeitabhängige Reaktionen notwendig sind. Das ist schon durch die Transportvorgänge der Löcher zur Phasengrenze hin plausibel. Diese Transport-Vorgänge sind weitgehend ungeklärt. Sicher ist, daß diese Transport-Vorgänge zeitlich stark dispersiv sind. Man hat es hier keinesfalls mit einer durch Feld und Beweglichkeit vorgegebenen mittleren Geschwindigkeit zu tun. Es sind verschiedene Ansätze (phonongesteuerte hopping-Vorgänge, polaron-hopping, intra-band tunnel-Vorgänge usw.) gemacht worden, die vielfach aus der Theorie amorpher Festkörper stammen. Abb. 3.47 soll die Problematik illustrieren. Eine schnelle Hochfrequenz-CV-Messung direkt im Anschluß an eine Strahlungspuls-Belastung verschiebt zunächst die CV-Kennlinie parallel. Dann erfolgt unter Verringerung der Spannungsverschiebung eine Abflachung der CV-Kennlinie, ein sicherer Hinweis auf die Entstehung von Phasengrenzzuständen. Betrachtet man in der unteren Abbildung den zeitlichen Aufbau von Q_{Ot} und D_{it}, so wird das verzögerte Entstehen der D_{it} deutlich.

In Abb. 3.48 ist der zeitliche Verlauf des Aufbaus der Phasengrenzzustandsdichte zu sehen. Der Aufbau von Phasengrenzzuständen ist demnach ein Prozeß, der über einen großen Zeitraum stattfindet. Die Transport-Vorgänge mit derart dis-

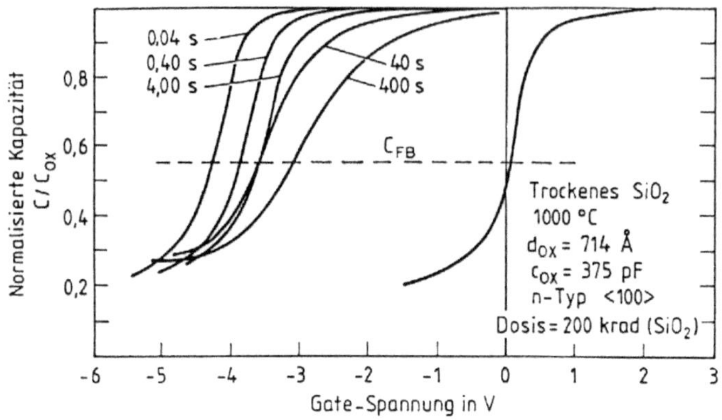

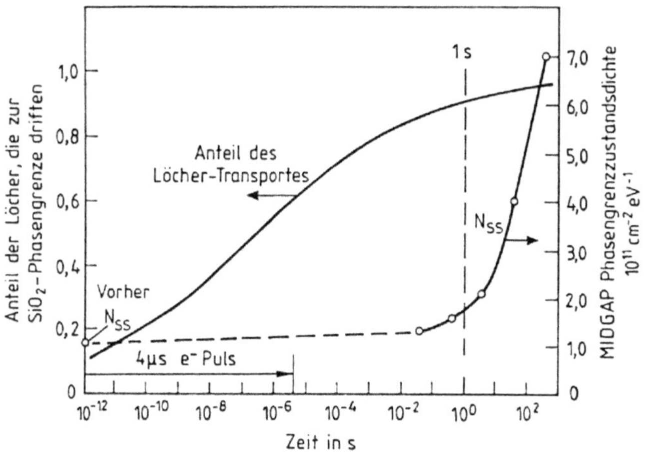

Abb.3.47: Experimentell gemessene CV-Verläufe nach einem Strahlenpuls (oben) und der zeitliche Aufbau der Phasengrenzzustände (unten) [39]

persivem Charakter werden kontrovers diskutiert. Überraschender jedoch ist der offenbar in zwei Stufen ablaufende Prozeß der Phasengrenzzustandsgeneration. Er wird bei tiefen Temperaturen weitgehend unterdrückt, bedarf aber auch bei Raumtemperatur langer Zeiten bis zur Sättigung. In Abb. 3.49 wird dieses Verhalten noch weiter kompliziert durch die Feldabhängigkeit des D_{it}-Aufbaus.

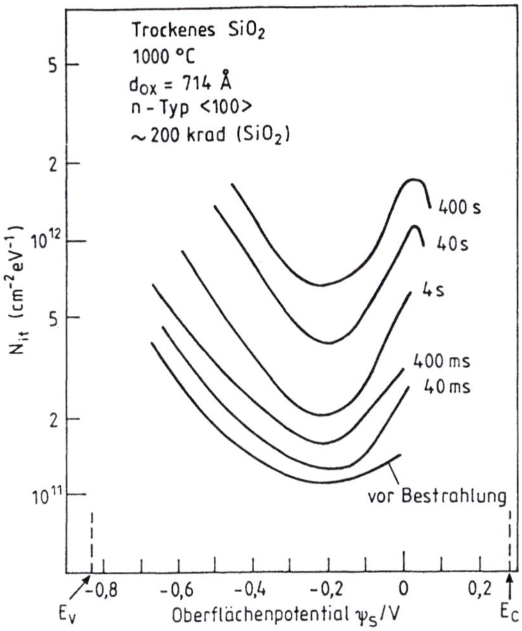

Abb. 3.48: Erzeugung von Phasengrenzzuständen nach einem Strahlungspuls und ihre Lage im verbotenen Band [39]

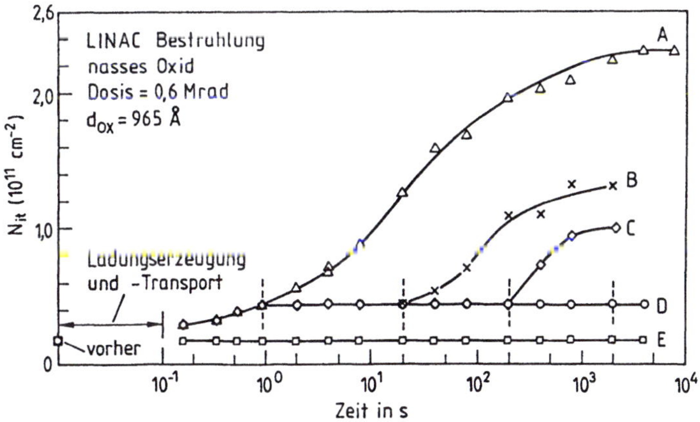

Abb. 3.49: Der Aufbau von Phasengrenzzuständen als Funktion der Zeit nach einem Stahlungsfeld. A: Positives Feld für die ganze Zeit. B: Anfänglich positives, aber nach einer Sekunde negativ umgepoltes Feld und nach 20 Sekunden ins Positive gepolte Feld. (Für C nach 200 Sekunden, für D nach 2000 Sekunden.). E: Negative Polarität während der ganzen Zeit [40].

Es ergeben sich hier folgende Polaritätsabhängigkeiten für die 1. und 2. Stufe:

1. Stufe	2. Stufe	D_{it}-Aufbau
+	+	Ja
-	-	Nein
+	-	Nein
-	+	Ja

Diese Vorgänge, insbesondere die 2. Stufe in ihrer Zeitabhängigkeit, lassen sich durch rein elektronische Prozesse nicht erklären.

Thermisch oxidiertes SiO_2 ist ein stark vernetztes Material mit im Volumen stöchiometrisch verteiltem Silizium und Sauerstoff. Daneben sind Verunreinigungen enthalten und hohe Bestandteile an H_2O, H, H_2 und OH-Gruppen durch die Präparation inkorporiert. Die letzteren Wasserstoff-Bestandteile werden hauptsächlich für die chemischen Veränderungen durch Bestrahlung verantwortlich gemacht.

Modelle

Man kennt die in Abb. 3.50 angegebenen Punkt-Defekte [41, 42].

Für einige dieser Defekte sind die Energie-Niveaus im verbotenen Band des SiO_2 bekannt (Abb. 3.51).

Aus ESR-Messungen ist das trivalente Silizium an der Phasengrenze als Phasengrenzzustand eindeutig ermittelt worden. Es ist ebenfalls ein Kandidat für Löcher-Traps im Volumen des SiO_2 [43].

Folgende Reaktionsgleichungen (nach C.T. Sah) könnten den Aufbau von Phasengrenzzuständen und Oxid-Traps erklären (Abb. 3.52) und detaillierter: Abb. 3.53.

Ein sehr ähnlicher Ansatz stammt von K.O. Jeppson und C.M. Svensson (Abb. 3.54) [44], allerdings für Temperatur-Spannungsstreß.

Insbesondere der zweistufige Prozeß des D_{it}-Aufbaus (Abb. 3.49) wird in einem Modell von D.L. Griscom (Abb. 3.55) behandelt.

(1) Intrinsische Defekte		
$\equiv Si\cdot$	trivalentes Silizium	einfacher Donator
$\equiv Si\text{-}O\cdot$	unterbrochene Sauerstoffbindung	einfacher Donator oder amphoter
V_0	Sauerstoff-Fehlstelle ($\equiv Si\cdot\cdot Si\equiv$)	zweifacher Donator
V_{Si}	Silizium-Fehlstelle	einfacher Donator oder amphoter
O_I	Zwischengitter-Sauerstoff	zweifacher Donator
Si_I	Zwischengitter-Silizium	zweifacher Donator
XY	Paar-Defekte oder Defekte	
XYZ	höherer Komplexität wie O_2, SiO, V_0V_0 u.ä.	
(2) Verunreinigungen		
H	Wasserstoff $\equiv Si\text{-}H$	
OH	Hydroxyl $\equiv Si^+ :OH^-$	
M	Metallisch oder Nichtmetallisch	

Abb. 3.50: Intrinsische und extrinsische Defekte im SiO_2 [41, 42]

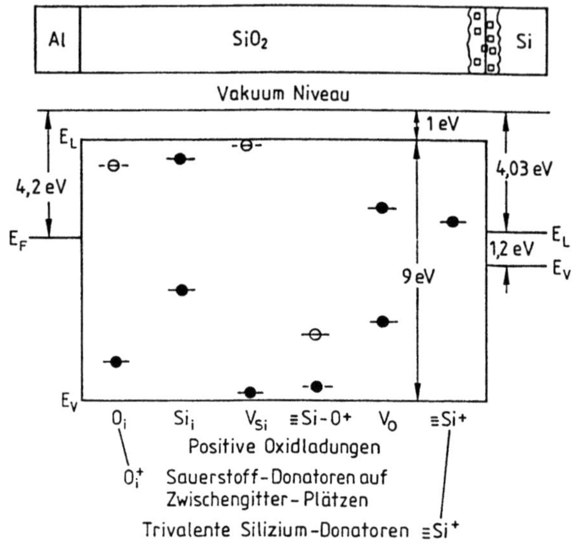

Abb. 3.51: Bekannte Energieniveaus im SiO_2 [41]

$$\equiv Si_s - OH + rad \rightarrow \equiv Si_s^+ + OH^-$$

$$\equiv Si\cdot \ + rad \rightarrow \equiv Si^+ + e^-$$

$$O_i + rad\,(h^+) \rightarrow O_i^+$$

Abb. 3.52 Modell nach C.T. Sah für die Entstehung von Phasengrenzzuständen und Oxid-Ladungen [41]

LÖCHER-EINFANG-MODELL FÜR PHASENGRENZ-ZUSTANDS-ERZEUGUNG

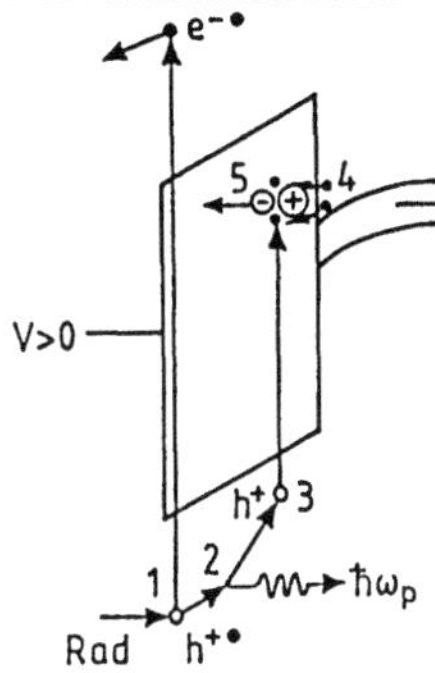

(1)	Rad + SiO_2	→	$e^{-*} + h^{+*} + SiO_2$
(2)	$e^{-*} + h^{+*}$	→	$e^- + h^+ + h \cdot \omega_p$
(3)	$Si^+ : OH^- + h^+$	→	$\equiv Si \cdot OH^{\cdot}$
(4)	$\equiv Si^+ \cdot OH^{\cdot} + 2e^-_{Si}$	→	$\equiv Si \cdot + : OH^-$ D_{it}
(5)	$:OH^-$ driftet zum positiven Al-Gate		

⊕ ist Si^+ ⊖ ist OH^- • angeregt, energiereich

ELEKTRONEN-STOßIONISATIONS-MODELL FÜR PHASENGRENZ-ZUSTANDS-ERZEUGUNG

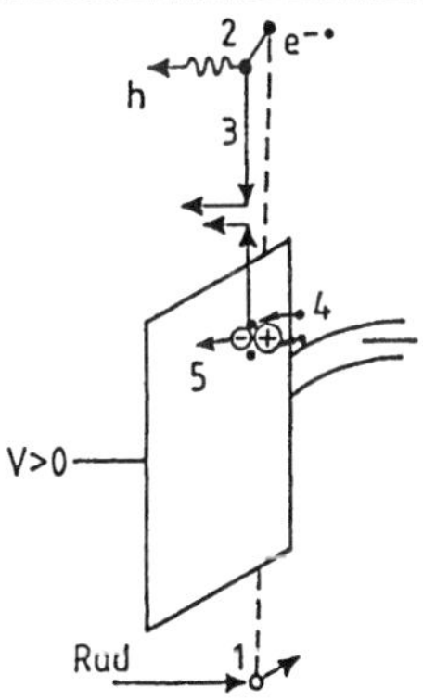

(1)	Rad + SiO_2	→	$e^{-*} + h^{+*} + SiO_2$
(2)	$e^{-*} + h^{+*}$	→	$e^- + h^+ + h \cdot \omega_p$
(3)	$Si^+ : OH^- + e^-$	→	$\equiv Si^+ \cdot OH^{\cdot} + 2e^-$
(4)	$\equiv Si^+ \cdot OH^{\cdot} + 2e^-_{Si}$	→	$\equiv Si \cdot + : OH^-$ D_{it}
(5)	$:OH^-$ driftet zum positiven Al-Gate		

* angeregt, energetisch ω_p = Plasmonenfrequenz

Abb. 3.53: Detaillierte Angaben zur Abb. 3.52 [41]

$$\underset{\text{Defekt}}{\equiv Si_s - H} + \equiv Si_0 - O - Si_0 \equiv \rightarrow \underset{D_{it}}{\equiv Si_s \cdot} + \underset{Q_{ot}}{\equiv Si_0^+} + \equiv Si_0 - OH + e \uparrow_{Si}$$

Abb. 3.54: Das Modell von K.O. Jeppson und C.M. Svensson für den Aufbau von Phasengrenzzuständen und Oxid-Ladungen [44]

$$\equiv Si_{os} - OH + h \rightarrow \equiv Si_{os} - O\cdot \quad + H$$

$$\equiv Si_{o} - H + h \rightarrow \equiv Si_{o}\cdot \quad + H$$

$$H + \equiv Si_{s} - H + e\uparrow_{\text{vom Leitungsband Si}} \rightarrow \equiv Si_{s}\cdot \quad + H_2$$

Abb. 3.55: Modell von D.L. Griscom für den zweistufigen Prozeß des Aufbaus von Phasengrenzzuständen [45]

Allen diesen Modellen gemein ist, daß sie die Vorgänge z.T. richtig beschreiben, jedoch andere Phänomene (auch aus Bereichen des Hochtemperatur-Spannungs-Stresses oder Ladungsträger-Injektion) nur unvollkommen beschreiben. Hier sind wichtige Ansatzpunkte für weitere Forschungsarbeiten.

Die für eine exakte Beschreibung wichtigen Parameter sind außerordentlich zahlreich und die Aufgabe, diese Prozesse modellmäßig zu beschreiben, ist entsprechend kompliziert.

In Abb. 3.56 sind noch einmal die Abhängigkeiten aufgezählt, die in diese Beschreibung eingehen müssen.

-TECHNOLOGIE
- -Isolatordicke
- -Oxidationstemperatur
- -Oxidationsprozess
- -Annealprozess
- -Gatematerial und Aufbringungsart
- -Verunreinigungen

-EXPERIMENTBEDINGUNGEN
- -Dosis und Dosisrate
- -Feld während der Bestrahlung
- -Meßmethoden
- -Art der Bestrahlung
- -Annealprozesse

Abb. 3.56: Einige Parameter, die das Verhalten nach Bestrahlung beeinflussen.

4 Bauelementbezogene Schädigung

4.1 Vorbemerkungen

In den vorangegangenen Kapiteln wurden die grundsätzlichen Mechanismen des permanenten Strahlenschadens behandelt: Verlagerungsschädigung und Ionisationsschädigung.

Verlagerungsschädigung wird verursacht durch die Störung der Gitterstruktur und den dadurch erzeugten Aufbau von Zentren mit energetischen Lagen im verbotenen Band des Halbleiters. Das Konzept der Schädigungskonstanten gestattet die quantitative Beschreibung der Degradation, obgleich zu beachten ist, daß k komplexere Abhängigkeiten von Bestrahlung und Halbleiter-Material besitzt. Die durch Verlagerungsschädigung verursachte Veränderung von Halbleiter-Parametern ist bei Bauelementen besonders deutlich zu erkennen, deren Betriebsweise durch Volumeneigenschaften geprägt ist.

Ionisationsschädigung ist verbunden mit der Energieablagerung von Strahlung im Halbleiter und in Deckschichten und damit mit der Erzeugung von Überschuß-Ladungsträgern im Material. Quantitativ beschreibbar wird dieser Typ mit der Definition der strahlungsabsorbierten Dosis (radiation absorbed dose) in rad. Eine Erscheinungsform dieses Schädigungstyps ist das Auftreten von primären oder sekundären Fotoströmen. Da diese Ströme nach Beendigung der Bestrahlung mit charakteristischen Zeitkonstanten abklingen, andererseits proportional zur Dosisleistung sind, werden sie zur Klasse der transienten Strahlungseffekte gezählt. Die Bedeutung der Ionisationsschädigung resultiert jedoch aus dem permanenten positiven Ladungsaufbau in den Deckschichten (Gate-, Feld-oder Passivierungs-Deckschichten) und dem zusätzlichen Aufbau von Phasengrenzzuständen an den für die Wirkungsweise der Bauelemente wichtigen Phasengrenzen. Hiervon sind alle Bauteile der Planar- und MOS-Technologie betroffen. Diese Schädigungsart ist daher die Ursache für die Strahlungsempfindlichkeit heute gebräuchlicher Bauelemente.

Diese beiden Typen permanenter Schädigung auf das Funktionsverhalten von Halbleiter-Bauelementen und integrierten Schaltungen sollen im folgenden am Beispiel der Grundstrukturen von Halbleiter-Schaltungen betrachtet werden, dem bipolaren und dem MOS-Transistor. Das Verständnis des Schädigungsverhaltens dieser Grundstrukturen ermöglicht die Beschreibung komplexer HL-Schaltungen.

Anschließend soll dann das Schädigungsverhalten besprochen werden, welches durch hohe lokale Ionisation als Folge einzelner Teilchen oder Quanten hervorgerufen wird und welches als Single Event Upset (SEU) klassifziert wird. Eine Vielfalt von transientem und permanentem Fehlverhalten komplexer Schaltkreise kann hierdurch beschrieben werden.

In Abb. 4.1 wird eine Unterteilung dieser unterschiedlichen Schädigungstypen, die hierfür vorzugsweise in Frage kommende Primärstrahlung und die hierdurch

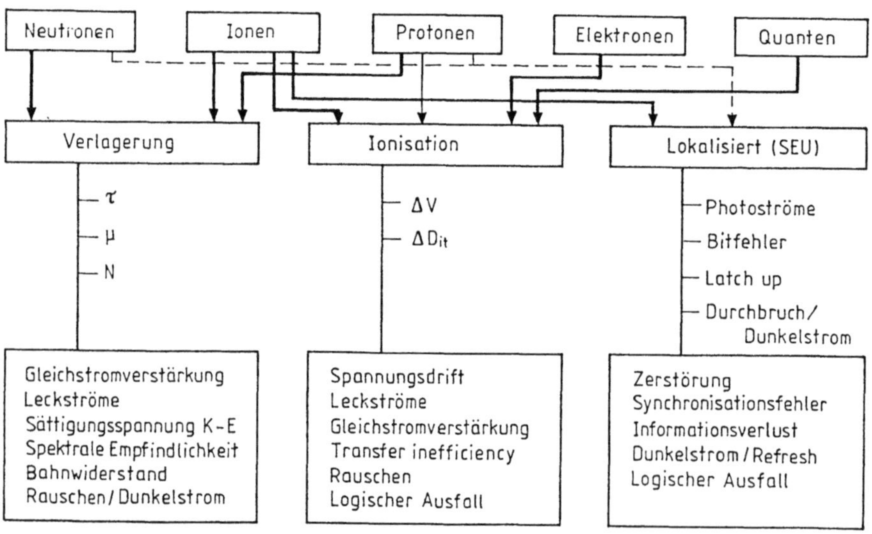

Abb. 4.1: Die Wirkung der Primärteilchen auf Halbleiterfunktionsgrößen (Überblick)

Einordnung nach Schädigungstyp

	Ionisation	Verlagerung
MOS-Bauelemente	I	V
Lineare bipolare ICs	I	III
Digitale bipolare ICs	IV	IV
I^2L	II	II
Bipolare Transistoren	I	III
JFETs und JFET-Analog Schalter	III	V
Elektrisch/optische Bauteile	II	II
Quarze/Filter	II	V
Präzisions-Spannungsref. Dioden	III	II
Andere Dioden und Gleichrichter	IV	IV
Optische Materialien	II	V
SCRs, UJTs, Thyristoren	II	I

Bewertung:
- I : Ernsthaft gefährdet
- II : Genaue Behandlung erforderlich
- III : Behandlung erforderlich
- IV : Nur Überblick erforderlich
- V : Beachtung nicht erforderlich

Abb. 4.2: Orientierungshilfe für die Empfindlichkeit einiger Bauteilefamilien gegen Verlagerungs- und Ionisationsschädigung

beeinflußten Halbleiter-Parameter sowie die hierdurch abzuleitenden Funktionsparameter, versucht. Erschwert wird eine derartige starre Unterteilung durch die vielfachen Überschneidungsmöglichkeiten, die hier auftreten können.

In Abb. 4.2 ist eine erste Orientierungshilfe für die Empfindlichkeit einiger Bauteile-Familien gegen Verlagerungs- und Ionisationsschädigung angegeben.

4.2 Permanente Schädigung in bipolaren und MOS Transistoren

Bipolare Transistoren sind stromverstärkende Bauelemente und die Gleichstromverstärkung h_{FE} ist die wichtigste Funktionsgröße dieser Bauteile-Familie und Grundbaustein aller bipolaren Technologien [46]. Für einen pnp-Transistor ist die reziproke Gleichstromverstärkung durch drei Summanden auszudrücken als (Gl. (4.1))

$$\frac{1}{h_{FE}} = \frac{I_B}{I_C} = \frac{1}{2}\left(\frac{W_B}{L_p}\right)^2 + \frac{N_{DB}\cdot W_B}{D_{pB}}\cdot\frac{DnE}{N_{AE}\cdot W_E} + \frac{N_{DB}\cdot W_B}{D_{pB}}\cdot\left(\frac{W_{EB}}{\tau_o} + S\cdot\frac{A_s}{A_j}\right) \cdot \frac{\exp\left(-\frac{qV_{EB}}{2kT}\right)}{2n_i} = ① + ② + ③ \tag{4.1}$$

Term ① gibt den Rekombinationsanteil in der neutralen Basis, Term ② die Injektion in den Emitter und Term ③ die Rekombination in der Emitter-Basis-Raumladungszone (τ_o = Volumen, s = Oberfläche) an. Restströme werden vernachlässigt. Indizes E und B beziehen sich auf Emitter und Basis, p und n auf p- und n-Gebiete. Die Diffusionslänge L ist mit Diffusionskonstante D und Minoritätsträger-Lebensdauer τ verbunden als (Gl. (4.2))

$$L = \sqrt{D\cdot\tau} \tag{4.2}$$

Beim Fehlen jeglicher Rekombination ist h_{FE} unabhängig vom Kollektorstrom. Für kleine Ströme wird jedoch die Rekombination in der Emitter-Basis-Raumladungszone in praktischen Bauelementen dominant, so daß h_{FE} zu kleineren Strömen absinkt.

Betrachtet man in Gl. (4.1) nur die durch Bestrahlung veränderbaren Anteile ① und ③ unter Einbeziehung von Gl. (4.2), so erhält man für die Änderung von $1/h_{FE}$

$$\Delta\left(\frac{1}{h_{FE}}\right) = \frac{1}{h_{FE}} - \frac{1}{h_{FE_0}} = \frac{W_B^2}{2D_{pB}}\cdot\Delta\left(\frac{1}{\tau}\right) + \frac{N_{DB}\cdot W_B}{2D_{pB}}\cdot\frac{W_{EB}}{n_i}\cdot\exp\left(-\frac{qV_{EB}}{2kT}\right)\cdot\Delta\left(\frac{1}{\tau}\right) + \frac{N_{DB}\cdot W_B}{2D_{pB}}\cdot\frac{A_s}{A_j}\exp\left(-\frac{qV_{EB}}{2kT}\right)\cdot\frac{\Delta(s)}{n_i}\,. \tag{4.3}$$

Durch Bestrahlung wird

1. die Rekombination in der neutralen Basis
2. die Rekombination in der EB-RLZ und
3. die Rekombination an der Phasengrenze der EB-RLZ (Oberflächenanteil)

erhöht.

Nach dem Konzept der Schädigungskonstante (Gl. (3.8))

$$\Delta\left(\frac{1}{\tau}\right) = k_\tau \cdot \Phi$$

sollte zumindest für die Verlagerungsschädigung ein linearer Zusammenhang zwischen $\Delta(1/h_{FE})$ und Φ existieren. In Abb. 4.3 sind die Zusammenhänge schematisch dargestellt.

Ein reales Beispiel für einen Mesa-Transistor (Volumen-Bauelement) ist in Abb. 4.4 dargestellt. Für einen Fluenzbereich über mehrere Dekaden ist ein linearer Zusammenhang zu $\Delta(1/\tau)$ zu sehen.

Für höhere Werte des Kollektorstromes kontrolliert Term ① in Gl. (4.1) die Gleichstromverstärkung h_{FE}.

Hier gilt

$$\Delta\left(\frac{1}{h_{FE}}\right) = \frac{W_B^2}{2D_{pB}}\,\Delta\left(\frac{1}{\tau}\right) = \frac{0,2}{f_T}\,\Delta\left(\frac{1}{\tau}\right) \tag{4.4}$$

mit der Transitfrequenz

$$f_T = \frac{1}{2\pi t_{tr}} = \frac{1}{2\pi} \cdot \frac{2 \cdot D_{pB}}{W_B^2},$$

bei der $h_{FE} \rightarrow 1$ geht.

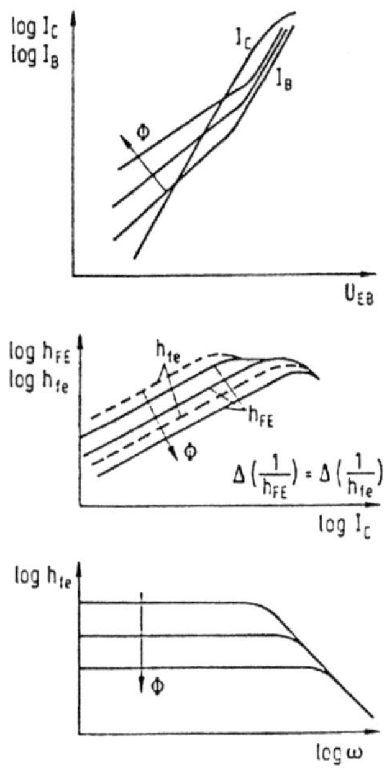

Abb. 4.3: Schematische Darstellung der Änderung von Transistorgrößen als Funktion der Bestrahlung

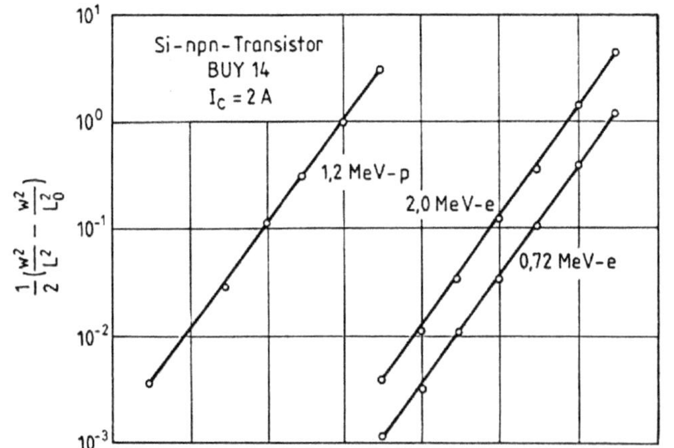

Abb. 4.4: Änderung der reziproken Gleichstromverstärkung in Abhängigkeit von der Teilchenfluenz für unterschiedliche Strahlungsspezies [47]

Gl. (4.4) gibt hier eine allgemeine Regel an, daß Transistoren mit hohem f_T eine geringere Strahlungsempfindlichkeit haben als z.B. Niederfrequenz-Transistoren. Die Konsequenzen für TTL- und ECL-Schaltkreise werden später beschrieben. Für den Betrieb von Transistoren in strahlungsbelasteter Umgebung kann man eine 2. Regel angeben: Die Betriebsart soll so gewählt werden, daß Kollektorströme gewählt werden, für die h_{FE} im Maximum liegt (s. Abb. 4.3).

Dies wird noch durch die Abhängigkeit der Schädigungskonstanten von der Injektionshöhe unterstützt: Diese Injektionshöhenabhängigkeit führt zu einer stärkeren Variation von h_{FE} bei kleinen Kollektorströmen. Nun sind inbesondere Kleinsignal-Transistoren in Planartechnologie stark oberflächenbeeinflußt und diese Abhängigkeit wird bei Bestrahlung verstärkt. Abb. 4.5 gibt schematisch die Ausbildung eines Oberflächenkanals als Folge des Aufbaus von positiven Ladun-

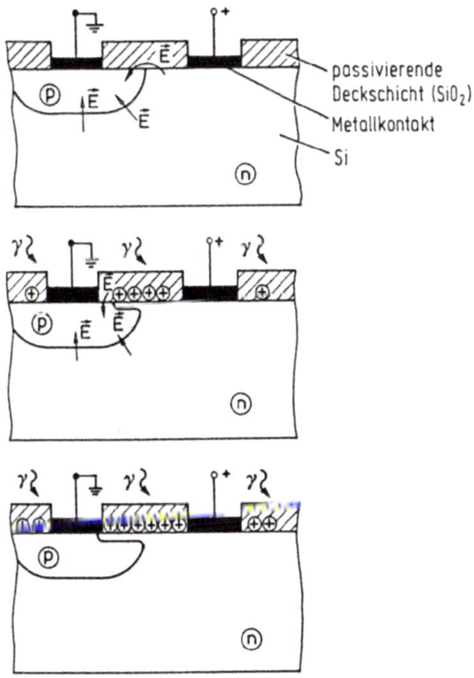

Kanalbildung (Kurzschluß) bei einem planaren pn-Übergang bei Sperrbelastung

Abb. 4.5: Kanalbildung (Kurzschluß) bei einem planaren pn-Übergang bei Sperrbelastung

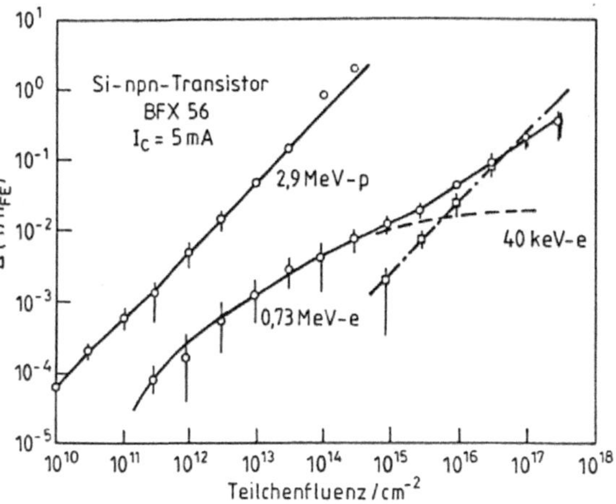

Abb. 4.6: Änderung der reziproken Gleichstromverstärkung eines Silizium-npn-Planar-Transistors in Abhängigkeit von der Teilchenfluenz für unterschiedliche Strahlungsarten [47]

gen im passivierenden Oxid an. Hieraus kann ein Kurzschluß zwischen Emitter und Kollektor in einem npn-Transistor entstehen. Natürlich ist diese Oberflächenschädigung auch in der Gleichstrom-Verstärkung wiederzufinden, wie Abb. 4.6 für einen npn-Planartransistor zeigt. Die Ionisierungswirkung ist hier durch die Wahl der Primärstrahlungs-Typen und -Energien hervorgehoben. 2,5 MeV-p hat starke Verlagerungswirkung, während 0,73 MeV-e zunächst überwiegend Ionisationsschädigung zeigt. In einem Bereich zwischen 0,1 und 1 Mrad sättigt die Ionisation und die Verlagerungsschädigung wird dominierend.

In Abb. 4.7 wird dieses Verhalten durch die Wahl verschiedener Bestrahlungsarten bei unterschiedlichen Energien noch deutlicher dargestellt.

Derartige Experimente sind die Grundlage für die Korrelation unterschiedlicher Arten und Energien der Primärstrahlung.

Die allgemeine Schwierigkeit der Vorhersagbarkeit der Bauteilparameter-Degradation liegt in der fehlenden Unterscheidungsmöglichkeit zwischen Oberflächen (Ionisations)- und Volumen (Verlagerungs)-Anteil. Deshalb ist die Schädigung sehr stark abhängig von der Technologie des Bauteils.

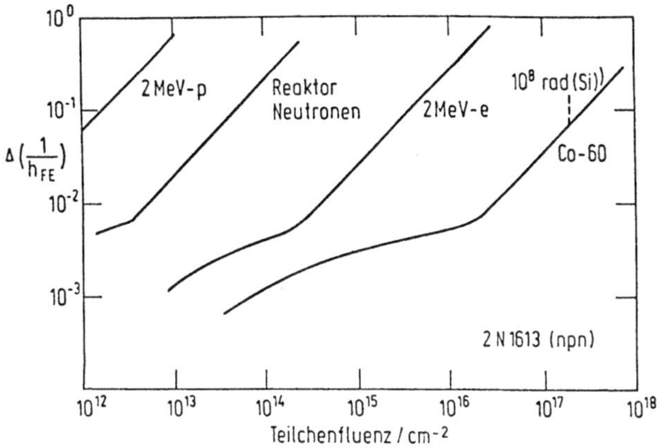

Abb. 4.7: Änderung der reziproken Gleichstromverstärkung in Abhängigkeit von der Fluenz. In der Abbildung wird deutlich, daß zunächst Ionisationsschädigung dominierend ist und erst nach deren Sättigung die Verlagerungsschädigung überwiegt [48].

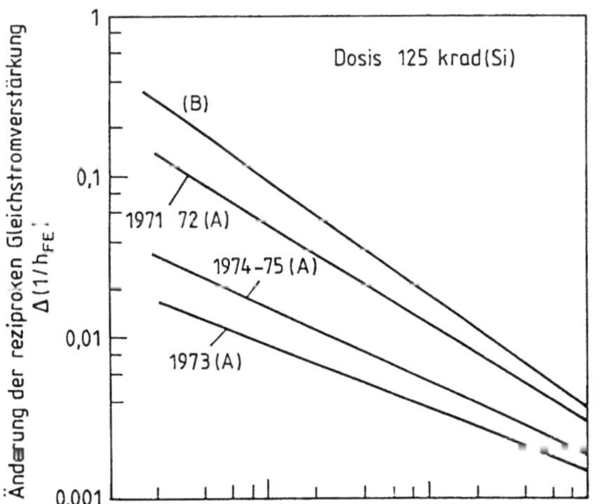

Abb. 4.8: Veränderung der reziproken Gleichstromverstärkung in Abhängigkeit vom Kollektorstrom für verschiedene Hersteller und Fertigungsdaten [49]

Abb. 4.8 illustriert diese Schwierigkeit. Transistoren zweier Hersteller (A und B) werden für unterschiedliche Produktionsdaten getestet.

Der MOS-Transistor als Majoritätsträger-Bauelement ist praktisch unabhängig von der Verlagerungsschädigung. Für die Degradation ist der Aufbau positiver Oxid-Ladungen und die Erzeugung zusätzlicher Phasengrenzzustände allein verantwortlich. Dieser Aufbau ist bereits weitgehend behandelt worden, jedoch sind für das Bauelement (z.B. als Bestandteil einer integrierten Schaltung) die Wirkung der Beschaltung während der Bestrahlung, die engen Toleranzen der Spannungspegel und die enge Nachbarschaft zu anderen Bauteilen zu berücksichtigen. Die prinzipielle Wirkung der positiven Oxid-Ladungen und der generierten Phasengrenzzustände ist einmal eine Verschiebung der I(V)-Kennlinie zu negativeren Gate-Spannungen und eine Abnahme der Steilheit. Die Änderung der Steilheit wird als eine Verringerung der Kanalbeweglichkeit durch zusätzliche Streuung der Ladungsträger im Kanal gedeutet.

Ein empirischer Zusammenhang zwischen Phasengrenzzustandsdichte und Beweglichkeit ist [50]

$$\mu = \frac{\mu_o}{1 + \alpha \cdot \delta N_{it}} . \qquad (4.5)$$

α ist hierbei eine Anpassungsgröße, die stark von der Technologie abhängt.

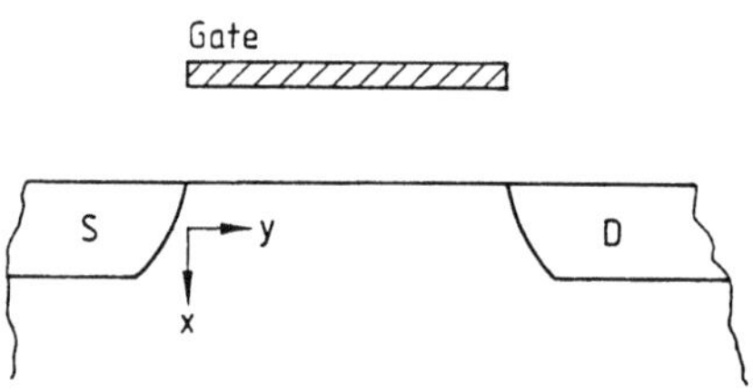

Abb. 4.9: MOS-Transistor

Für die gradual-channel-Näherung gilt (Abb. 4.9) [51].

$$Q(y) = - C_{ox}(V_G - V_{To} - V(y)) - q\delta N_{ot} + q\delta N_{it} \qquad (4.6)$$

Hierbei ist $q\delta N_{ot}$ und $q\delta N_{it}$ eine effektive oder schwerpunktbehaftete Größe, die die Oxid-Ladung und die Ladung in den Phasengrenzzuständen angibt. V_{To} ist die linear extrapolierte Schwellspannung, V_G die Gate-Spannung und V(y) das

Potential im Kanal. C_{ox} ist die flächenbezogene Oxid-Kapazität und Q(y) die Ladung im leitenden Kanal.

Die gradual-channel-Näherung liefert den Zusammenhang zwischen Potential und Strom im Kanal zu

$$dV_C = -\frac{I_D \cdot dy}{w \cdot \mu Q(y)} \tag{4.7}$$

(n-Kanal-Transistor).

Daraus folgt mit Gl. (4.6) und Gl. (4.5)

$$\int_o^L \frac{\mu_o}{\mu \cdot L} I_D \cdot dy = \frac{\mu_o \cdot W}{L} C_{ox} \int_o^{V_D} (V_G - V_{TO} - V(y))\, dV_C$$

$$+ \frac{\mu_o \cdot W}{L} \int_o^{V_D} q\,\delta N_{ot} \cdot dV_C - \frac{\mu_o \cdot W}{L} \int_o^{V_D} q\,\delta N_{it} dV_C . \tag{4.8}$$

Der erste Term auf der rechten Seite gibt die I-V-Kennlinie vor Bestrahlung an

$$I_D = \frac{\mu_o W}{L} C_{ox}(V_G - V_{To} - \frac{V_D}{2}) \cdot V_D . \tag{4.9}$$

Die linke Seite gibt die Degradation der Beweglichkeit durch Phasengrenzzustände an.

Unter Benutzung von Gl. (4.5) wird die linke Seite = $I_D (1 + \alpha \overline{\delta N_{it}})$ mit

$$\overline{\delta N_{it}} = \frac{1}{L} \int_o^L \delta N_{it} dy . \tag{4.10}$$

Kombination dieser Gleichungen ergibt für kleine Drain-Spannungen den Drain-Strom für den bestrahlten n-Kanal-Transistor

$$I_D = \frac{1}{1 + \alpha \delta N_{it}} \left[\frac{\mu_o \cdot W \cdot C_{ox}}{L} (V_G - V_{TO} - \frac{V_D}{2}) \cdot V_D + \frac{\mu_o W}{L} V_D + q(\delta N_{ot} - \overline{\delta N_{it}}) \right] \tag{4.11}$$

Benutzt man die Konvention, daß die Verschiebung der Schwellspannung als Verschiebung einer Spannung bei konstantem Strom gemessen wird, folgt

$$\Delta V_T = -\frac{q\delta N_{ot}}{C_{ox}} + \left(\frac{\alpha \cdot I_D \cdot L}{\mu_o \cdot W \cdot C_{ox} \cdot V_D} + \frac{q}{C_{ox}}\right)\overline{\delta N_{it}} \tag{4.12}$$

Der erste Term in der Klammer beschreibt die Reduktion der Kanalbeweglichkeit durch die D_{it}, der zweite Term beschreibt die Reduktion beweglicher Ladungen im Kanal.

Die Steilheit wird dann

$$\Delta S_m = \left(\frac{\alpha\,\delta N_{it}}{1 + \alpha\delta N_{it}}\right) S_{mo} \tag{4.13}$$

Gln. (4.11), (4.12) und (4.13) geben den Effekt der strahlungsgenerierten Ladungen im Oxid und an der Phasengrenze auf die Kennlinie in der linearen Region an.

In Abb. 4.10 sind diese beiden Effekte (Verschiebung und Beweglichkeitsreduktion) noch einmal schematisch dargestellt.

Für den Subthreshold-Bereich ergibt sich in erster Näherung ein linearer Zusammenhang zwischen V_G und ln I_D. Der Faktor S, der die Gate-Spannungsvariation

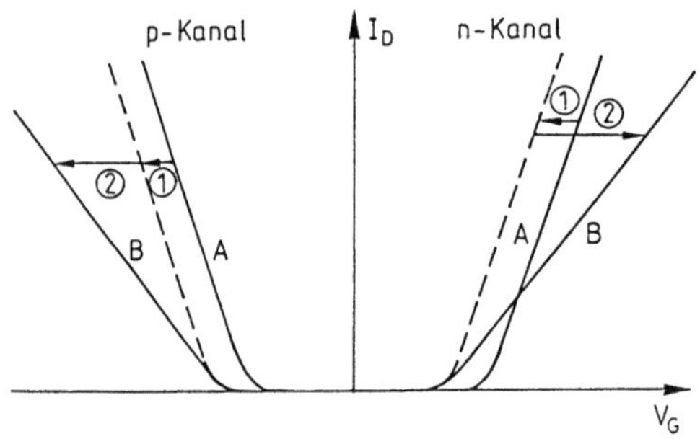

Abb. 4.10: Einfluß der Phasengrenzzustände und Oxid-Ladungen auf das Durchlaßverhalten von p- und n-Kanal-MOS-Transistoren. ① wird durch die Oxid-Ladung, ② wird durch die Phasengrenzladung hervorgerufen [52].

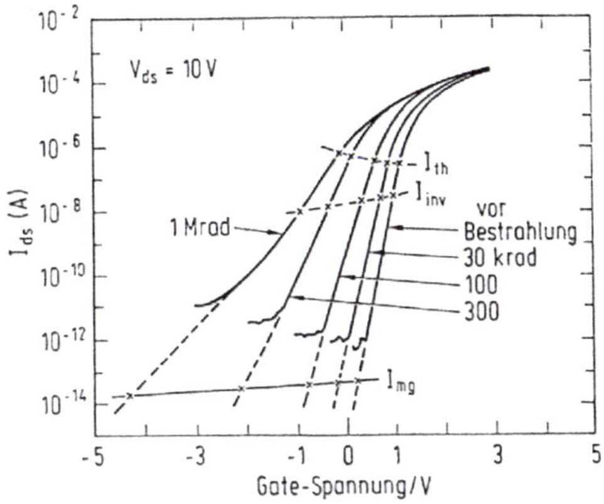

Abb. 4.11: Subthreshold-Verhalten eines MOS-Transistors. Parameter ist die absorbierte Dosis [53].

angibt, um den Drain-Strom um den Faktor 10 zu reduzieren, wird näherungsweise zu

$$S = \frac{kT}{q} \ln 10 \cdot \left(1 + \frac{C_D + C_{it}}{C_{ox}}\right) \tag{4.14}$$

mit $C_{it} = q\,D_{it}$ und dem kapazitiven Teilerverhältnis in der Klammer.

Dieser Zusammenhang ist in Abb. 4.11 zu sehen.

Die Beweglichkeits-Degradation ist überwiegend durch die Zunahme der Streuzentren an der Phasengrenze hervorgerufen, offensichtlich ist aber auch ein Beitrag der Oxid-Ladungen vorhanden (s. Abb. 4.12)

Gl. (4.5) wird durch die Experimente bestätigt.

Für den Betrieb von MOS-Transistoren ergibt sich eine Unsymmetrie in bezug auf die für den Betrieb vorherrschende Gate-Spannung. An einem p-Kanal-Transistor wird vorwiegend negatives Gate-Potential, an einen n-Kanal-Transistor dagegen überwiegend positives Gate-Potential anliegen. Es ist daher mit einer größeren Schädigung beim n-Kanal-Transistor im Vergleich zum p-Kanal-Transistor zu rechnen.

Durch den Typ der Phasengrenzzustände (Akzeptor-Zustände in der oberen, Donator-Zustände in der unteren Hälfte des verbotenen Bandes) werden positi-

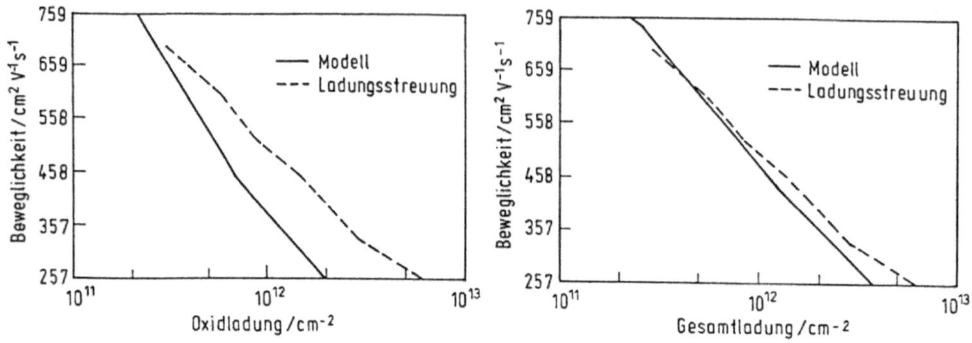

Abb. 4.12: Einfluß von Phasengrenzzuständen und erzeugter Oxid-Ladung auf die Kanalbeweglichkeit [54]

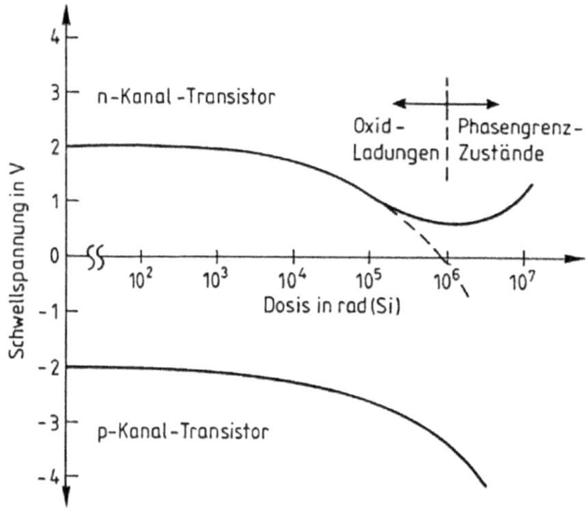

Abb. 4.13: Schwellspannungsverschiebungen von n- und p-Kanal MOS-Transistoren in Abhängigkeit von der absorbierten Dosis

ve Oxid-Ladungen beim p-Kanal-Transistor durch die Ladung in den Phasengrenzzuständen jedoch verstärkt, beim n-Kanal-Transistor zunehmend kompensiert (Abb. 4.13).

In der CMOS-Technologie wird eine Kombination von n- und p-Kanal-Transistoren für eine Inverter-Funktion benutzt (Abb. 4.14).

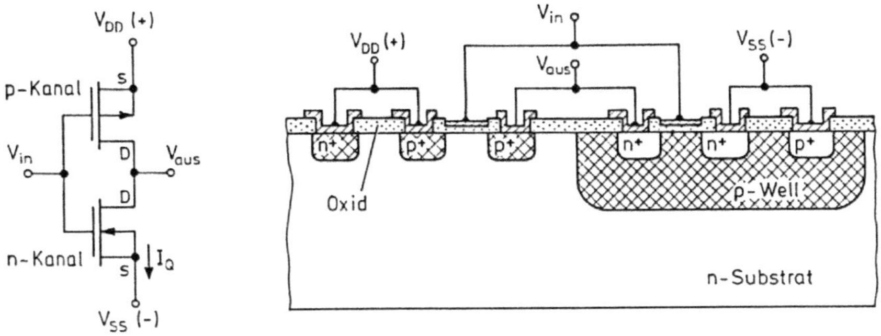

Abb. 4.14: Prinzipschaltbild und Querschnitt eines CMOS-Inverters

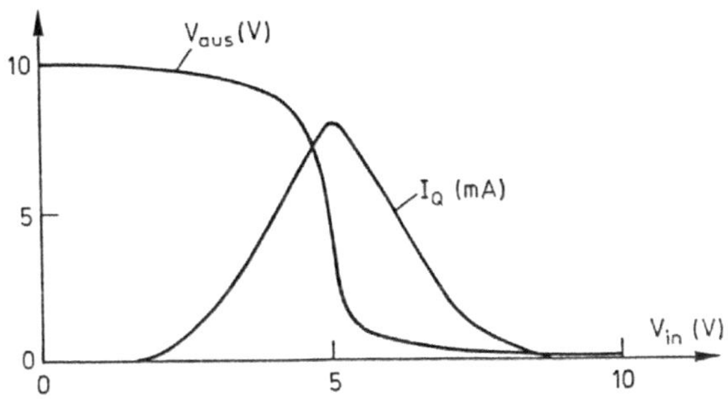

Abb. 4.15: Ausgangsspannung und Querstrom eines CMOS-Inverters in Abhängigkeit von der Eingangsspannung

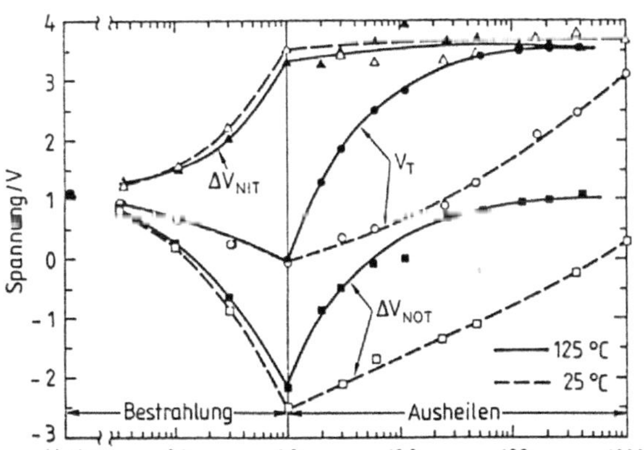

Abb. 4.16: Bestrahlungs- und Ausheilverhalten der Schwellspannung und der aus ihr separierten Anteile hervorgerufen durch die Oxid-Ladung und die Phasengrenzzustände. Parameter ist die Temperatur.

Die Übertragungskennlinie und die Stromaufnahme ist aus Abb. 4.15 zu erkennen.

Hier tritt ein zusätzlicher Effekt auf: Rebound. Darunter versteht man als Folge des unterschiedlichen Ausheil-Verhaltens von Oxid-Ladungen und D_{it} (Abb.

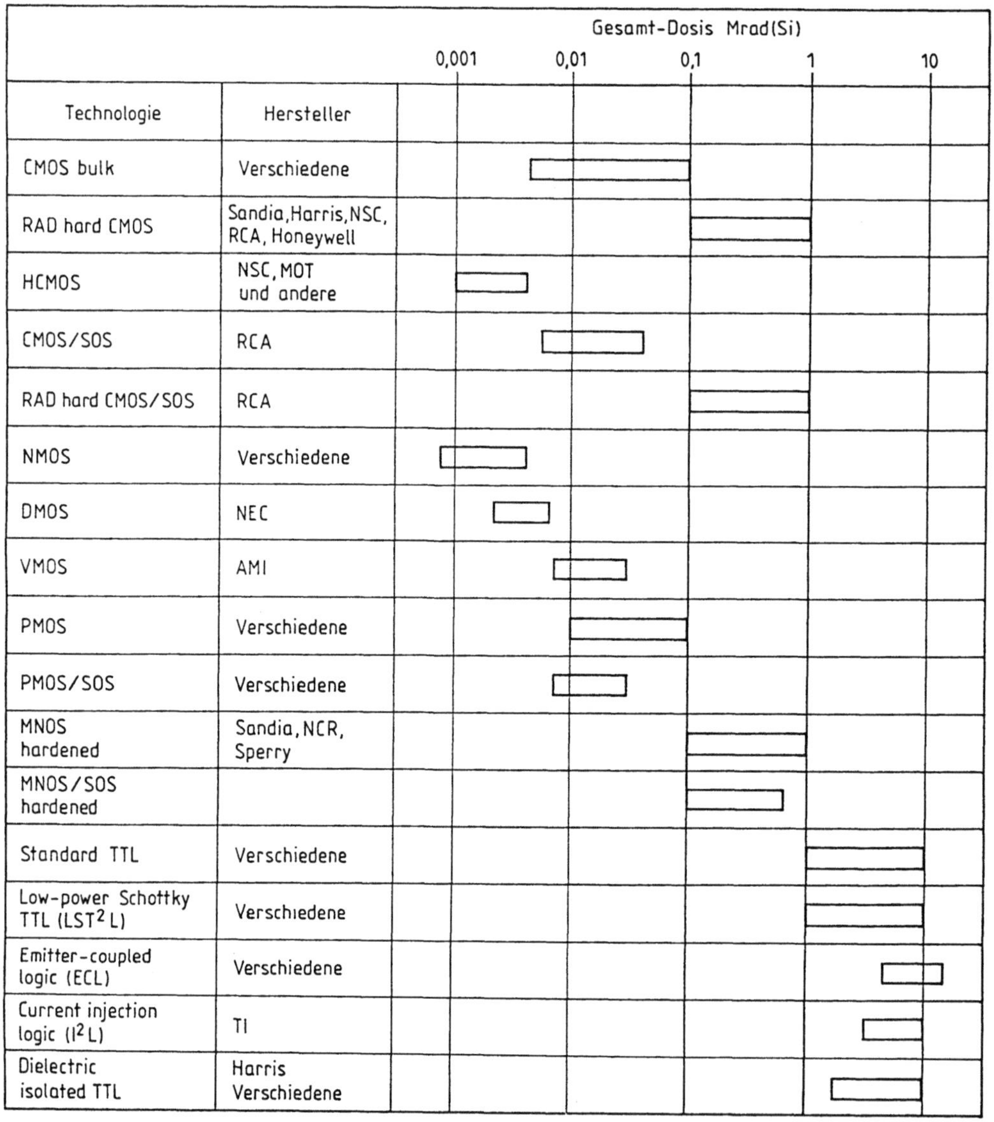

Abb. 4.17: Übersicht über die beobachteten Ausfallgrenzen unterschiedlicher Bauteilefamilien für Ionisationsschädigung [56].

4.16), daß die Schwellspannung positivere Werte als vor Bestrahlung erreichen kann.

Aus den hier dargestellten Beispielen läßt sich ein allgemeines Bild des Ausfallverhaltens und der unterschiedlichen Toleranz-Dosis-Werte für verschiedene Bipolar- und MOS-Technologien erklären (Abb. 4.17 und 4.18)

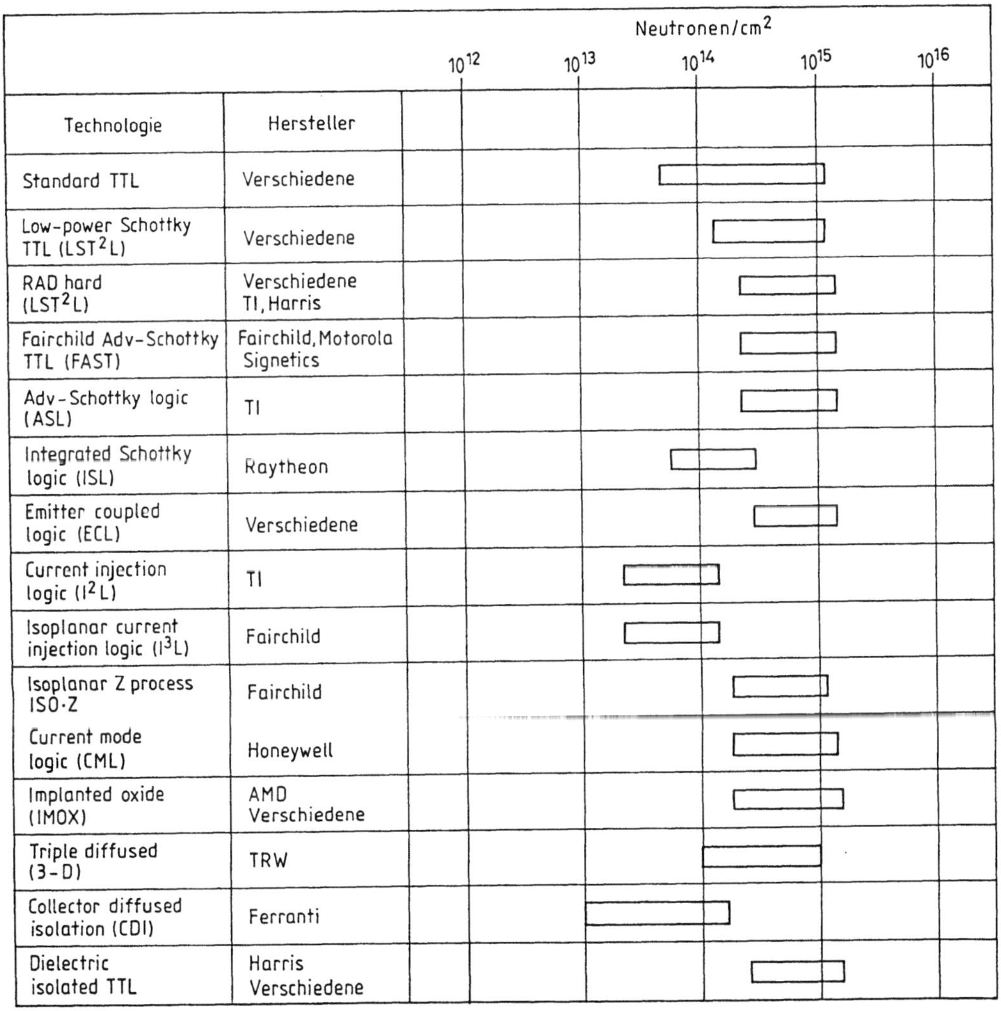

Abb. 4.18: Übersicht über die beobachteten Ausfallgrenzen unterschiedlicher Bauteilefamilien für Verlagerungsschädigung [56].

4.3 Auswirkungen auf integrierte Schaltungen in Beispielen

4.3.1 Random access memories (RAM)

Speicherbausteine sind wegen ihres geordneten Aufbaus einerseits und ihres Masseneinsatzes andererseits gut für vergleichende Bestrahlungstests geeignet. Schaltungseigenarten und technologische Unterschiede können mit Hilfe ionisierender Strahlung diagnostisch auf Schwachstellen untersucht werden.

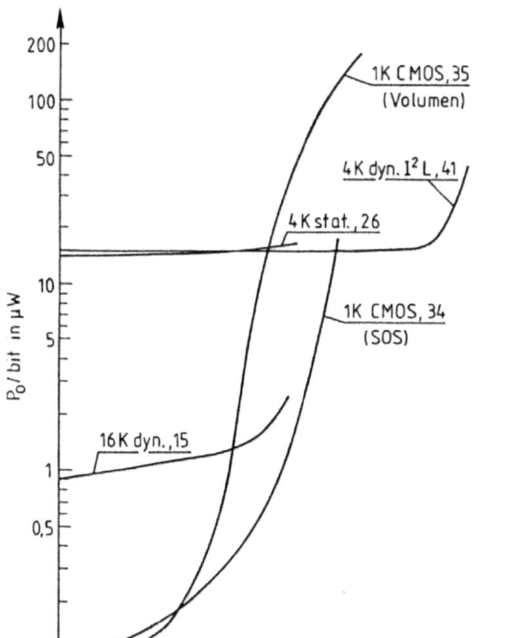

Abb. 4.19: Zunahme der Verlustleistung in Abhängigkeit von der absorbierten Dosis. Dargestellt sind unterschiedliche Speicher-Technologien [58].

Abb. 4.20: Degradationsprozeß für statische (links) und dynamische (rechts) nMOS-Speicher [58]. Dargestellt ist das Ausfallmuster. Die Zahlenangabe rechts von den Abbildungen ist die absorbierte Dosis in krad(Si).

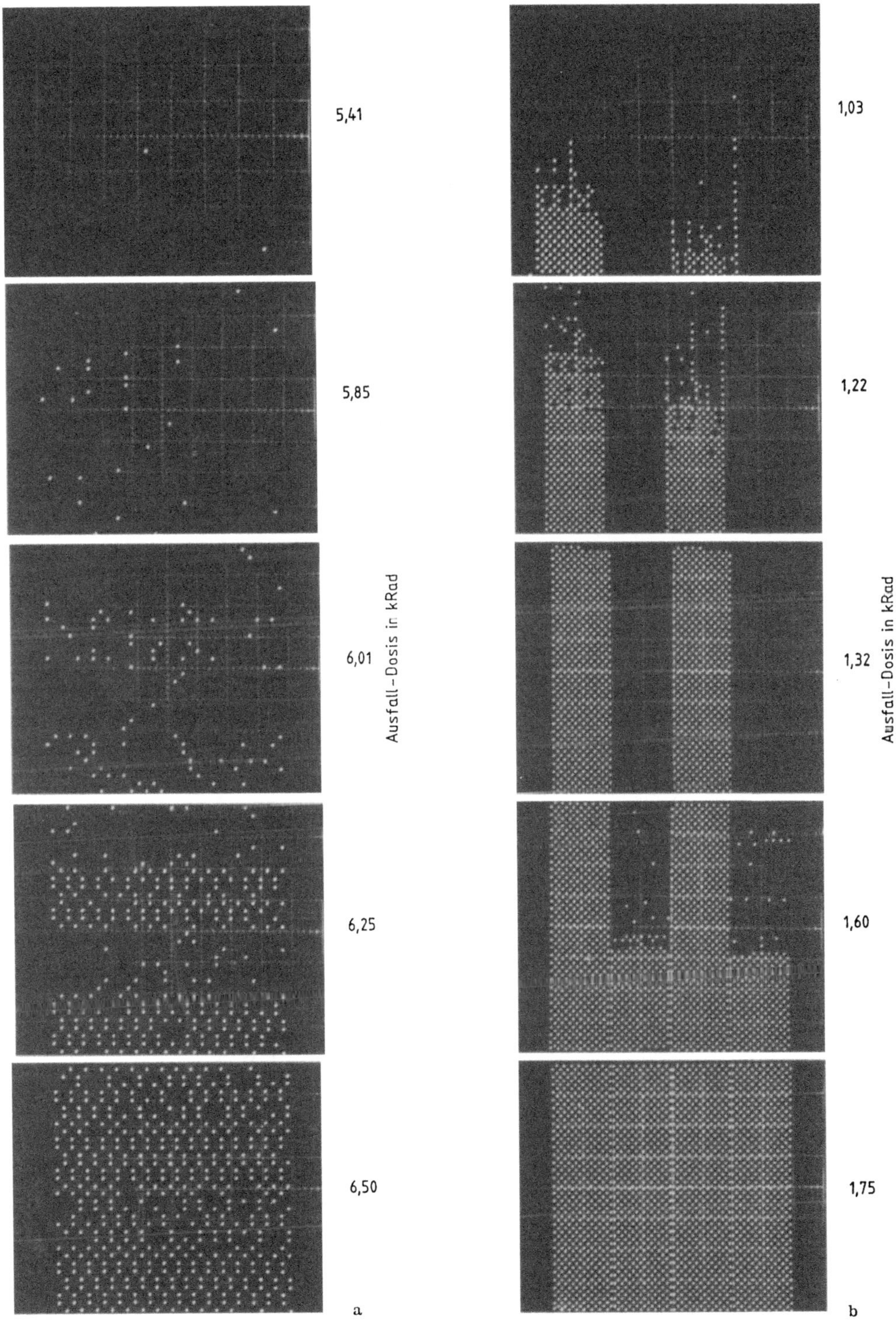
5,41
5,85
6,01
6,25
6,50
Ausfall-Dosis in kRad
a
1,03
1,22
1,32
1,60
1,75
Ausfall-Dosis in kRad
b

In Abb. 4.19 ist die Ruhestromaufnahme verschiedener Speichertypen unterschiedlicher Komplexität als Funktion der absorbierten Dosis aufgetragen.

In Abb. 4.20 ist der Degradationsprozeß eines statischen und eines dynamischen Speichers dargestellt [58].

Typische Ausfallmechanismen deuten auf unterschiedliche Schwachstellen im Entwurf hin (Abb. 4.21).

Der hohe Anstieg des Ruhestromes für CMOS-Speicher ist durch die Schwellspannungsverschiebung des n-Kanal-Transistors zu negativeren Werten zu erklären und führt bereits vor dem Auftreten eines logischen Fehlers zum funktionalen Ausfall des Bausteines.

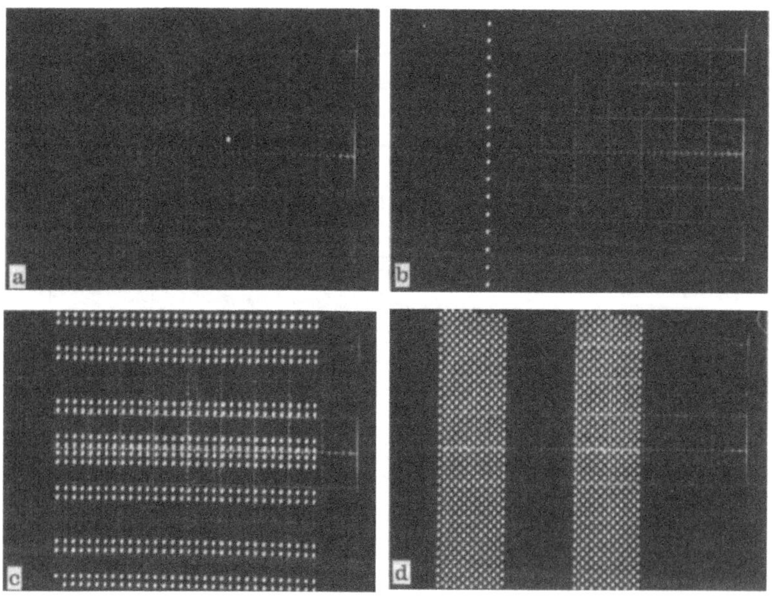

Abb. 4.21: Typische Ausfallmechanismen von Speichern [58], a) Einzel-Zellenfehler, b) einfacher Spaltenfehler, c) mehrfacher Reihenfehler, d) mehrfacher Spaltenfehler.

4.3.2 Operations-Verstärker

Ein Operations-Verstärker ist für den Bestrahlungseinsatz ein außerordentlich empfindliches Bauelement aus folgenden Gründen: Durch die Gleichstromkopplungen werden auch geringe Änderungen der Eingangsstufe voll auf die Ausgangsstufe übertragen. Außerdem arbeiten die Eingangstransistoren bei sehr geringen Kollektorströmen, aber hoher Gleichstrom-Verstärkung, um die Stromaufnahme am Eingang gering zu halten. Als Ergebnis werden folgende Größen mit Bestrahlung ansteigen:

- Eingangs-Offset-Spannung
- Eingangs-Offset-Strom
- Eingangs-Bias-Ströme
- Rauschen

und folgende mit Bestrahlung sinken:

- Leerlauf-Verstärkung
- CMRR

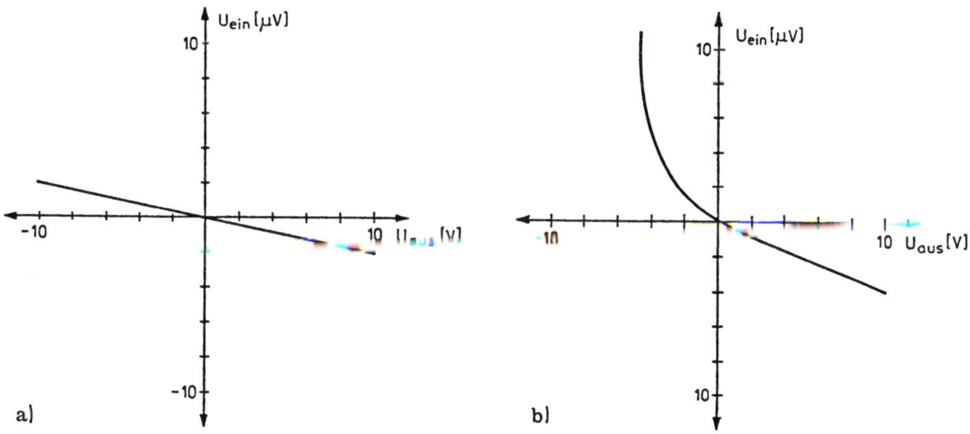

Verstärkungskurve vor der Bestrahlung

Verstärkungskurve nach der Bestrahlung (unsymmetrische Kennlinienänderung)

Abb. 4.22: Verstärkungscharakteristik eines Operationsverstärkers vor (a)) und nach (b)) Bestrahlung. Deutlich ist die Unsymmetrie in der Verstärkungskurve zu sehen [12].

- GBWP
- Slew-Rate

Ein zusätzliches Ergebnis ist in Abb. 4.22 dargestellt: Unsymmetrie in der Verstärkungskurve.

4.3.3 Analog-Schalter

In Abhängigkeit von der Technologie (bipolar oder MOS) erhöht sich der Widerstand im durchgeschalteten Zustand (insbesondere bei MOS) wesentlich, der Sperrwiderstand wird kleiner.

4.3.4 Multiplizierer

Offset-Spannungen vergrößern sich, wohingegen die Linearität weitgehend erhalten bleibt.

4.3.5 Digitale Integrierte Schaltkreise

Es besteht eine starke Abhängigkeit von der Technologie, insbesondere von der Verwendung "schneller" oder "langsamer" Transistoren. DACs und ADCs in MOS-Technik sind im allgemeinen empfindlicher als "schnelle" Bipolar-Technik. Da diese Bauteile aus analogen und digitalen Bereichen bestehen, treten sehr unterschiedliche Ausfallursachen auf.

4.4 Lokalisierte Schädigungsereignisse

4.4.1 Vorbemerkungen

Im Jahre 1975 wurden Umkipp-Vorgänge in Flip-Flops beobachtet, die zur Elektronik eines Nachrichtensatelliten gehörten. Man konnte diese Vorgänge nicht erklären und erst 1978 wurden ähnliche Vorgänge in dynamischen RAMs auf der Erde beobachtet. Hier gelang es, die Ursache dieses Fehlers zu orten: in der Trägerkeramik befindliche radioaktive Spuren von α-Strahlern. In jeder Keramik befinden sich Restmengen von Thorium und Uran, die α-Teilchen einer Energie von 6 bis 8 MeV emittieren (Reichweite in Si ≃ 25 μm). Die aus Ionisationsereignissen dieser α-Teilchen im Silizium erzeugten Elektron-Loch-Paare waren unter bestimmten Umständen in der Lage, Signalladungen zu verändern. Es handelt sich um einen sogenannten "soft error", das ist die temporäre Umladung eines bits, stellt aber keinen permanenten Fehler dar, da dieser Fehler beim nächsten Laden verschwunden ist. Wird er jedoch während eines Refresh-Zyklusses erneuert, so bleibt der Fehler erhalten. In der Zwischenzeit sind eine Anzahl von anderen Ursachen identifiziert und auch die Anzahl anderer Fehlermöglichkeiten ist erweitert worden. Das Gebiet der Fehlererzeugung als Folge einzelner Ereignisse (z.B. eines einzelnen Ions) wird allgemein als "Single Event Upset" (SEU) und hier auf-

- TRANSIENTE VORGÄNGE
- SOFT ERRORS
  - LOGIK
  - SPEICHER (EINZEL- ODER MEHRFACH-BITFLIPS)
  - VERLUST DER SYNCHRONISATION
- PERMANENTE SCHÄDIGUNG
  - LATCH UP
  - LADUNGSANREICHERUNG IM OXID
  - VERLAGERUNGSSCHÄDIGUNG IM SI
  - ISOLATOR-DURCHBRUCH

Abb. 4.23: Mögliche Schädigungsereignisse durch Single Event Upsets grund ihrer lokalisierten Natur als lokalisierte Schädigung oder lokalisiertes Schädigungsereignis bezeichnet. In Abb. 4.23 ist eine Aufstellung der Ereignisse gegeben, die als mittel- oder unmittelbare Folge des Auftreffens eines einzigen Ions im Bauelement ablaufen können.

Als Ursache für die größere Empfindlichkeit moderner Bauelemente ist die stetige Strukturverkleinerung und die damit verbundene Verringerung der Signalladung zu sehen, die darüber entscheidet, ob eine logische "0" oder "1" gespeichert ist.

Ein Maß für die Charakterisierung eines Schaltkreises ist das Produkt von Gate-Anzahl und Verarbeitungsfrequenz. Die Vergrößerung der Gate-Anzahl bei gleichbleibender Verarbeitungsfrequenz erfordert bei gleicher Leistungsaufnahme des Chips eine Verringerung der Schaltenergie pro Gate. Abb. 4.24 verdeutlicht diesen Zusammenhang. Hierbei wird die Signalladung in J durch die Ionisationsenergie in MeV ausgedrückt.

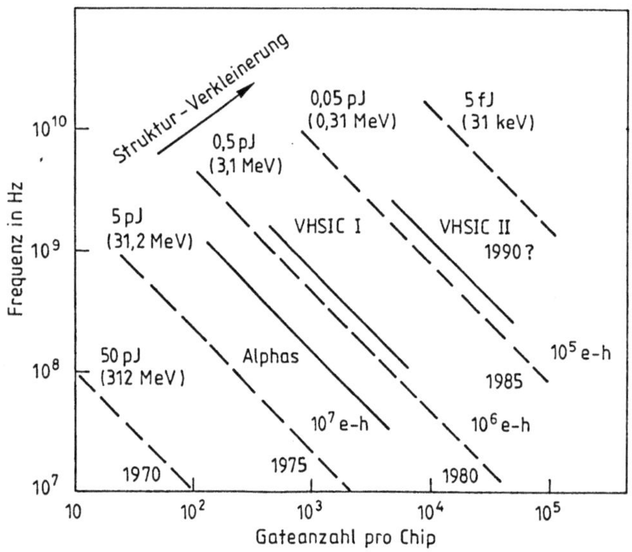

Abb. 4.24: Entwicklung von integrierten Schaltkreisen. Dargestellt ist die Schaltfrequenz über der Anzahl der Gatter pro Chip [59].

4.4.2 Ladungs-Sammlung

Wenn ein Ion durch das Material gebremst wird, verliert es Energie durch Ionisation. Dieser Energieverlust - siehe Kapitel 2 - wird als Massenbremsvermögen in MeV·cm²/g oder als MeV/µm ausgedrückt und wird auch LET (Linearer Energie-Transfer) genannt. Um ein Elektron-Loch-Paar zu generieren, wird ein Energie-Übertrag von 3,6 eV in Silizium benötigt. 3,6 MeV Energieverlust bedeutet demnach 10^6 Elektron-Loch-Paare oder 0,16 pC. Wird diese Ladung innerhalb einer Raumladungsschicht erzeugt, so bewirken die Felder eine Trennung der Elektron-Loch-Paare und die Ladung wird gesammelt. Abb. 4.25 zeigt das Massenbremsvermögen einiger repräsentativer Ionensorten in Abhängigkeit von der Energie.

Dies geschieht, indem man das Massenbremsvermögen $S = 1/\rho \cdot dE/dx$ [MeVcm²/g] umrechnet und für Silizium $\rho = 2{,}329 g/cm^3$ und die Ionisationsenergie E_{ion} = 3,6eV einführt. Die Anzahl der erzeugten Elektron-Loch-Paare pro Weglänge (µm) ist dann gleich:

$$N_{eh}\left[\mu m^{-1}\right] = \frac{10^{-4} \cdot \rho \cdot S}{E_{ion}} = 63{,}9 \cdot S \left[\frac{MeV \cdot cm^2}{g}\right]$$

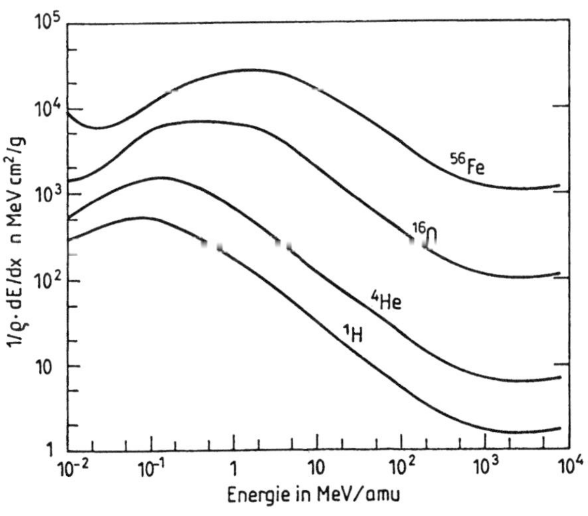

Abb. 4.25: Elektronisches Massenbremsvermögen über der Energie pro Nukleon für typische Ionensorten in der kosmischen Strahlung

und das entspricht bei vollständiger Ladungstrennung einer Ladung pro Weglänge in µm von

$$Q\left[\frac{\mathrm{fC}}{\mu\mathrm{m}}\right] = 1{,}036 \cdot 10^{-2} \cdot S\left[\frac{\mathrm{MeV} \cdot \mathrm{cm}^2}{\mathrm{g}}\right]$$

Die in Abb. 4.25 dargestellten Verläufe können in die pro µm erzeugte Ladung umgerechnet werden (Abb. 4.26).

Aus Abb. 4.26 ist ersichtlich, daß größenordnungsmäßig 0,01 bis 0,1 pC pro µm erzeugt werden. Bei einem Weg von 10 µm werden demnach 0,1 bis 1 pC erzeugt, und das entspricht nach Abb. 4.24 den Schaltladungen heutiger Schaltkreise.

Anhand eines statischen CMOS-RAMs ist das in Abb. 4.27 veranschaulicht. Wird die Ladung z.B. bei Punkt A gesammelt, wird der Spannungspuls auf die andere Hälfte des Flip-Flops übertragen.

Wie ein normaler Impuls kann das zum Umkippen des Flip-Flops führen, die gespeicherte Information ist geändert. Abhängig von der Zeitkonstanten an dem Einspeisungspunkt wird ein Spannungspuls durch den Stromimpuls erzeugt. Wenn die zeitliche Ladungssammlung kurz ist gegen die interne Zeitkonstante

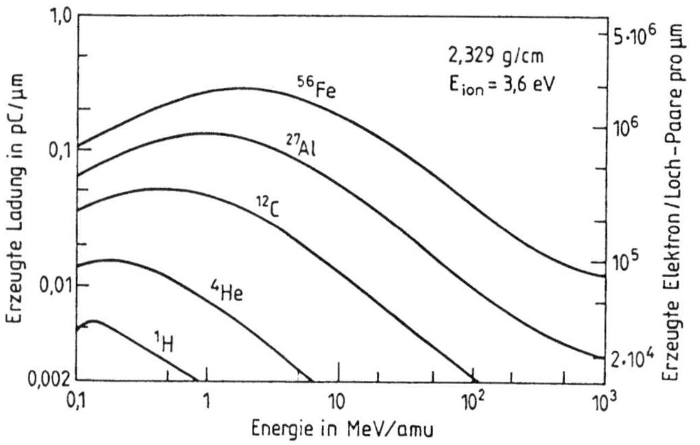

Abb. 4.26: Ladungssammlung und generierte Elektron-Loch-Paare

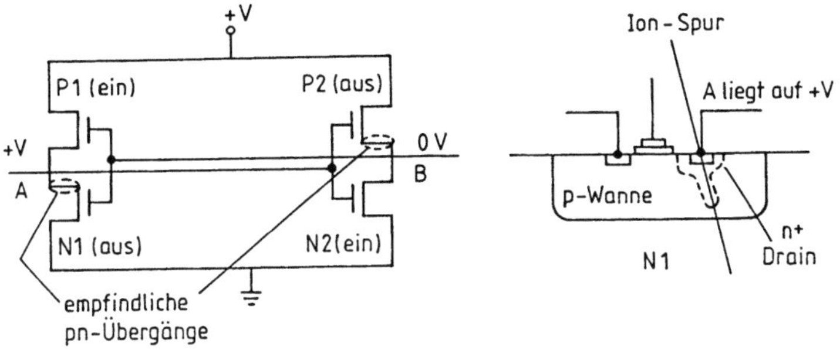

Abb. 4.27: Single Event Upset-Mechanismus bei einem statischen CMOS-Speicher

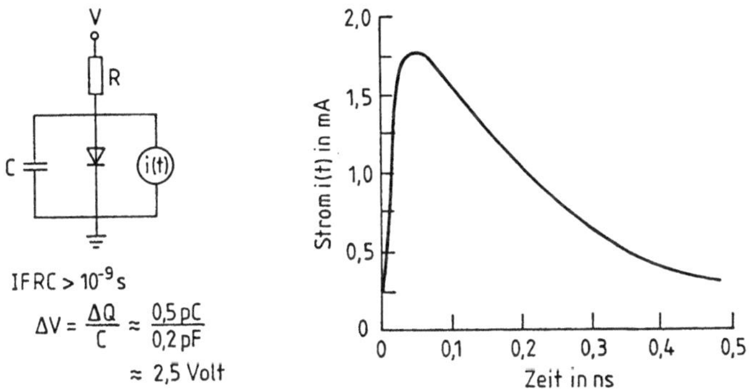

Abb. 4.28: Typisches Ergebnis eines Ionentreffers in einem gesperrten pn-Übergang

der Schaltung (z.B. Abb. 4.28), dann wird ein Spannungsimpuls erzeugt, der den Schaltkreis zum Umkippen bringen kann.

Der Strompuls kann durch seinen Ladungsinhalt charakterisiert werden und der Ladungsinhalt des kleinsten Strompulses, der einen Schaltkreis zum Kippen bringen kann, wird kritische Ladung genannt. Diese kritische Ladung Q_c ist hauptsächlich von Schaltungsparametern bestimmt, in geringerem Umfang von der Pulsform. Diese Pulsform ist vom Ionisationspfad abhängig.

Der Prozeß der Ladungssammlung ist sehr komplex. Neben der Feld- und Diffusionskomponente ist durch das sehr intensive Plasma aus Elektronen und Lö-

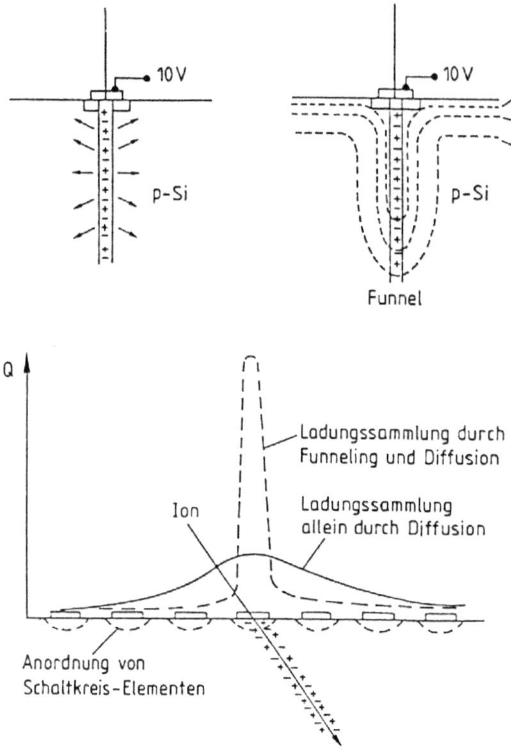

Abb. 4.29: Die einzelnen Mechanismen beim Single Event Upset: Diffusion, Drift und Funneling

chern eine Feldausdehnung in zuvor neutrale Gebiete zu beobachten, die z.B. für einen pn-Übergang das Gebiet stark vergrößert, welches für den Sammelprozeß in Frage kommt. Der Vorgang wird darüber hinaus beschleunigt (Abb. 4.29). Der zuletzt erwähnte Prozeß kann mit einem Kamin (engl. funnel) in seiner Sogwirkung verglichen werden.

Hierdurch wird ein hoher, daneben aber sehr schneller Stromimpuls lokalisiert erzeugt, der erheblich mehr Ladungen enthält, als mit Drift- und Diffusionsprozessen allein zu erwarten wäre. Aus der Abb. 4.29 ist ebenfalls sehr deutlich der durch den Plasma-Schlauch stark geführte Ladungstransport des Funneling-Prozesses zu erkennen. Weitere Komplikationen in einer modellmäßigen Berechnung ergeben sich aus dem Rekombinationsverhalten von Elektronen und Löchern in einem sehr dichten Plasma. Ebenso kann in Gebieten hoher Felder Ladungsträgermultiplikation auftreten.

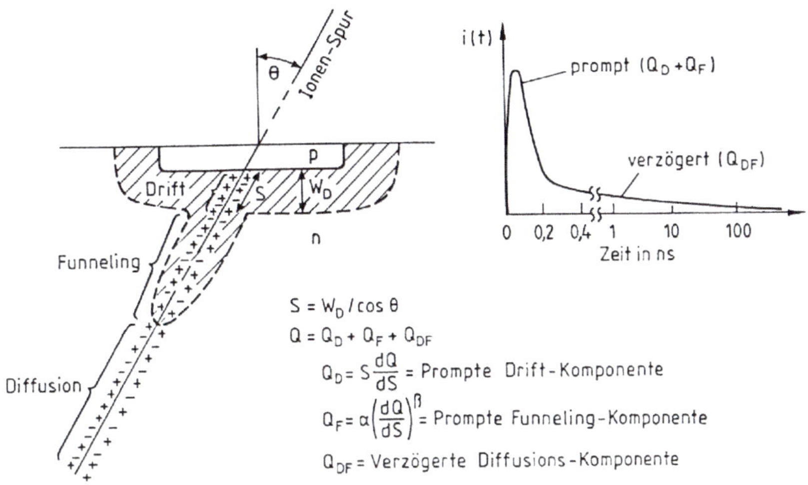

Abb. 4.30: Zusätzliche Erläuterungen zum Funneling-Prozeß

In Abb. 4.30 sind diese Prozesse noch einmal anschaulich dargestellt.

In der Funneling-Komponente Q_F sind die Faktoren α und β als Anpassungsparameter eingeführt. Diese Parameter sind sowohl von Art und Energie des einfallenden Ions als auch von den Materialeigenschaften des Siliziums und von den anliegenden Feldern abhängig.

4.4.3 Strahlung im Weltraum

In der Weltraumstrahlung sind Teilchen außerordentlich hoher Energie enthalten, für die die Hülle des Satelliten oder die Kapselung des Bauteiles kein wesentliches Hindernis darstellt.

In Abb. 4.31 ist die Häufigkeit über der Masse dargestellt. Dagegen spielen diese Teilchen auf der Erdoberfläche keine Rolle in bezug auf LET-Werte, bei hochfliegenden Flugzeugen können sie jedoch ein bedeutsames Risiko darstellen.

Das liegt daran, daß Teilchen in der Erdatmosphäre gestreut oder absorbiert werden. Müonen ("schwere Elektronen") hingegen können jedoch zur Erdoberfläche gelangen und dort SEU hervorrufen.

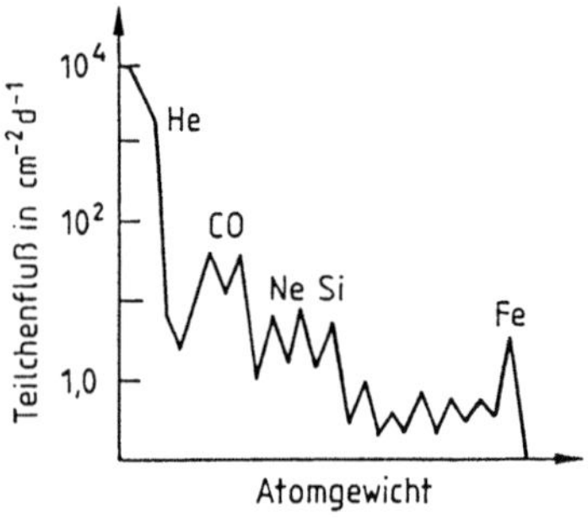

Abb. 4.31: Die natürliche Häufigkeit von Ionensorten in der kosmischen Strahlung. Angegeben ist der Teilchenfluß über der Masse des Ions außerhalb der Erdatmosphäre [59].

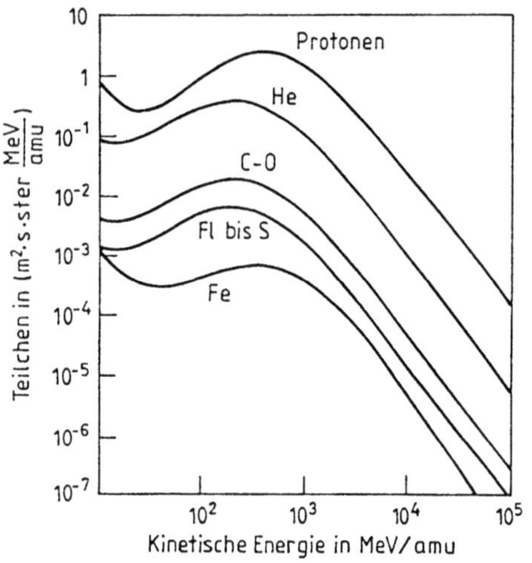

Abb. 4.32: Fluß als Funktion der kinetischen Energie für Ionensorten der kosmischen Strahlung [60]

Strahlungsflüsse werden entweder isotrop in Teilchen pro cm^2s oder richtungsabhängig vom Raumwinkel als Teilchen $cm^{-2}s^{-1}ster^{-1}$ angegeben. Beide Angaben unterscheiden sich um 4π für isotropen Teilchenfluß. Wie bereits in der Einleitung erwähnt, kann man aus Messungen den Teilchenfluß als Funktion der Energie angeben (Abb. 4.32 in reduzierter Form). Die Energieskala ist in MeV/Nukleon angegeben, d.h. ein α-Teilchen mit 10 MeV/Nukleon hat eine Energie von 40 MeV. Für die Ionisationsfähigkeit spielt jedoch das dE/dx die wesentliche Rolle. In

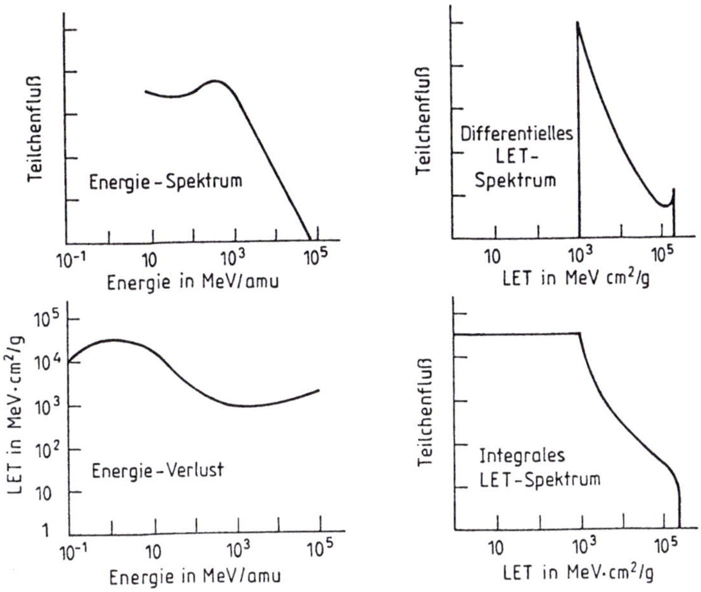

Abb. 4.33: Charakteristika der kosmischen Strahlung

Abb. 4.33 sind schematisch die verschiedenen Darstellungsformen für Upset-Berechnungen für Eisen dargestellt. Oben links ist der Fluß der Teilchen über der Energie dargestellt, links unten der Zusammenhang zwischen LET und Energie. Es interessieren hier jedoch die Flüsse in Abhängigkeit von ihren LET-Werten. Daher ist rechts das LET-Spektrum (oben das differentielle LET-Spektrum, unten das integrale) angegeben, welches für die Wahrscheinlichkeitsberechnung eines SEU maßgeblich ist.

4.4.4 Experimente zur Bestimmung der kritischen Ladung und des Einfang-Querschnittes

In Abb. 4.34 ist die experimentelle Technik angegeben, mit der man die kritische Ladung und einen effektiven Einfang-Querschnitt für das Auftreten eines Fehlers bestimmt.

Die grundsätzliche Idee hierbei ist, die abgelagerte Energie durch Variation der Ionensorte, der Ionenenergie und des Einfallswinkels zu ändern und die Anzahl

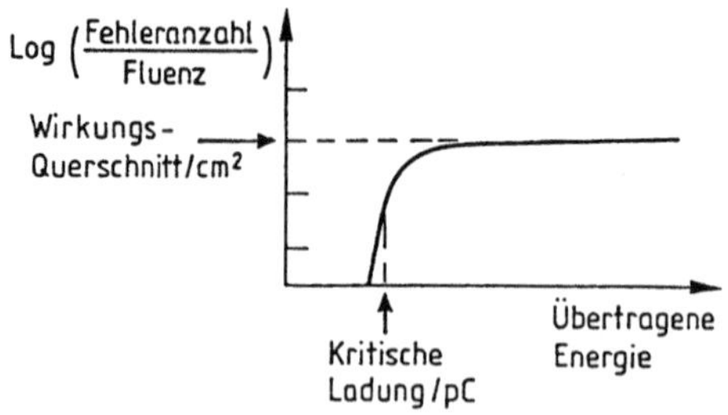

Abb. 4.34: Das typische Experiment zur Ermittlung der kritischen Ladung und des Wirkungsquerschnittes eines Bauteils

der Fehler pro Fluenz, ein Einfang-Querschnitt der Dimension nach, zu beobachten. Man kann hierbei auch einen Schwellwert für den LET bestimmen.

Hierbei wird der Wirkungsquerschnitt als das Verhältnis der Anzahl der auftretenden Fehler zur Fluenz der Ionen bei einem bestimmten LET-Wert definiert:

$$\sigma_{SEU} = \frac{\text{Anzahl der Fehler}}{\Phi} \qquad \text{in cm}^2$$

Der Schwellwert des LET nach Abb. 4.34 kann mit Hilfe einer effektiven Länge dc, die die Spur des Ions im aktiven Bereich des pn-Überganges angibt, zur Bestimmung der kritischen Ladung Q_C benutzt werden:

$$Q_C = d_c \cdot LET_{schwell} .$$

Hierbei ist $LET_{schwell} = 1{,}036 \cdot 10^{-2}\, S_{schwell}$ [$MeVcm^2g^{-1}$] und d_c kann aus geometrischen Daten des Bauelementes bestimmt werden. σ_{SEU} gibt in 1. Näherung die Fläche des aktiven Bauteils an, d_c die Weite des pn-Überganges.

Ionenarten und -energien werden i.a. durch Ionenbeschleuniger vom Typ Zyklotron geliefert.

Abb. 4.35 gibt ein Beispiel für typische Ionensorten im interessierenden Energiebereich an. Für das schwerste in der kosmischen Strahlung auftretende Fe-Ion wird oft zur Simulation Krypton verwendet.

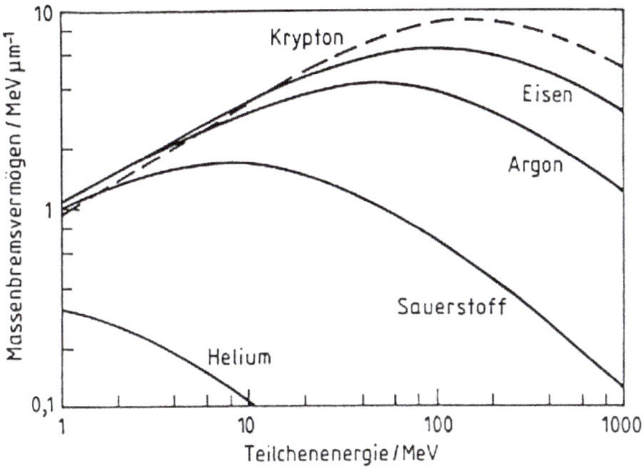

Abb. 4.35: Massenbremsvermögen über der Teilchenenergie

Hat man σ_{SEU} experimentell bestimmt, kann man eine Abschätzung der Fehler in einer Weltraum-Umgebung machen. Hierzu muß man das LET-Spektrum für eine bestimmte Mission kennen. In Abb. 4.36 ist für zwei Beispiele (geostationärer Orbit und erdnaher Orbit (hinter 0,7 mm Aluminium)) das integrale LET-Spektrum dargestellt. Im Fall des Synchronorbits sind statistische Angaben über mögliche Sonnenaktivitäten mit enthalten. Die Prozentzahlen geben den Zeitanteil an, bei dem der Fluß größer als angegeben ist. Im Fall des erdnahen Orbits wird 60° Inklination vorausgesetzt. Die Höhe des Orbits spielt nur für geringere LET-Werte eine Rolle (Protonenkomponente).

Wird nun zum Beispiel für ein Element eines Integrierten Schaltkreises ein σ_{SEU} von $10^{8}cm^{2}$ gemessen (z.B. ein RAM), so muß zunächst dieser Wert mit der Anzahl der Bauelemente multipliziert werden.

Wird z.B. ein 256k-bit-Speicher (262144 Zellen) behandelt, so ergibt sich ein σ_{SEU} von $2{,}6 \cdot 10^{-3}cm^{2}$ für den gesamten Baustein. Für den geostationären Orbit läßt sich aus Abb. 4.36 für die 10%-Kurve ein Fluß von $3 \cdot 10^{4}$ Teilchen/cm^{2}Tag ermitteln. Angenommen ist ein ermittelter Schwell-LET-Wert von 100 MeV·cm^{2}/g für dieses Bauelement. Das würde eine SEU-Fehlerrate von 78 pro Tag allein für dieses RAM ergeben. Alle Werte in diesem Beispiel sind durchaus praxisnah.

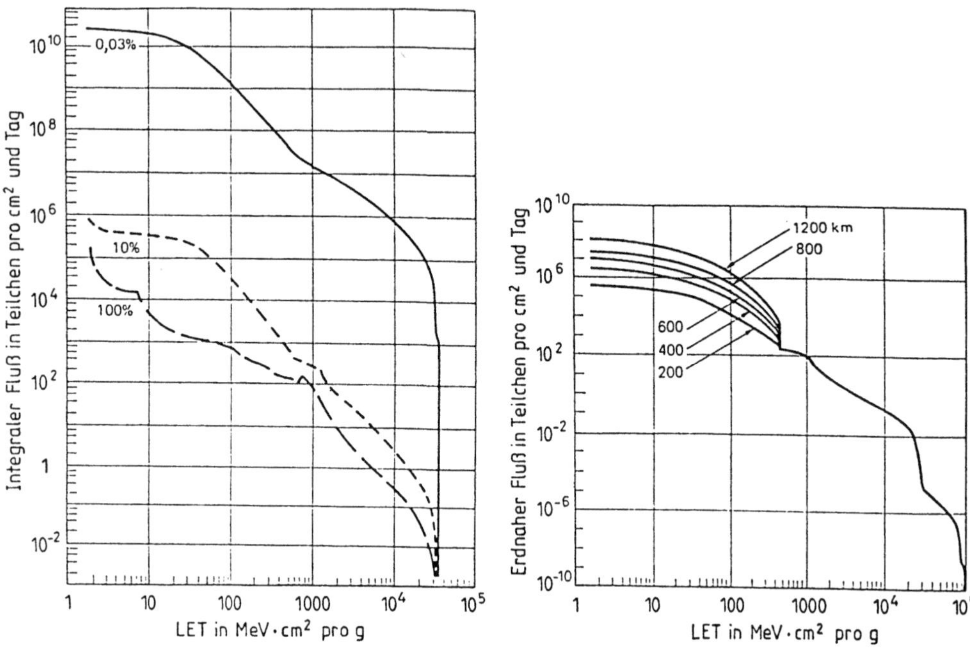

Abb. 4.36: LET-Spektrum für drei verschiedene geosynchrone Umgebungen (siehe Text) (links) und für verschiedene erdnahe Bahnen mit 60°-Inklination (rechts) [60,61]

4.4.5 Beispiele für Upset-Mechanismen

Im folgenden Abschnitt sollen für unterschiedliche Technologien die prinzipiellen Mechanismen dargestellt werden, ohne direkt quantitative Aussagen zu machen. Zumindest sollen jedoch die Empfindlichkeit und die schaltungstechnischen Gesichtspunkte beschrieben werden.

Dynamische Speicherzelle (DRAM)

In Abb. 4.37 ist eine 3-Transistor-Zelle, bestehend aus Schreib- und Lese- sowie Speicher-Transistor, dargestellt.

Der Schreib-Transistor Q_W ist gesperrt, die Information ist auf C_{SN} (= Gate-Kapazität von Q_S plus pn-Kapazität des gesperrten Überganges von Q_W) gespeichert. Trifft das Ion den gesperrten pn-Übergang von Q_W, werden Elektronen generiert, die die positive Informationsladung auf C_{SN} löschen, vorausgesetzt,

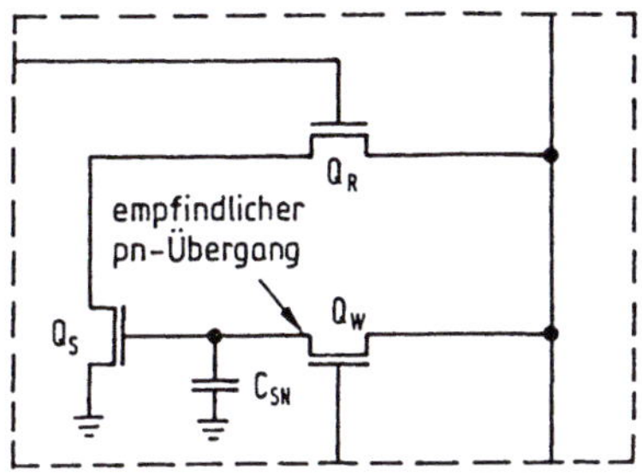

Abb. 4.37: Prinzipschaltbild einer dynamischen Speicherzelle und der empfindliche pn-Übergang

die kritische Ladung wird überschritten. C_{SN} ist etwa 0,2 pF, der Leckwiderstand des pn-Überganges $R_L = 10^{10}\Omega$. Die Erholzeitkonstante $T_R = C_{SN} \cdot R_L = 2$ms ist so lang, daß alle Anteile der generierten Ladungen gesammelt werden können (Drift, Funnel und Diffusion). Es ist daher nicht einmal notwendig, daß der pn-Übergang direkt getroffen wird, da der Diffusionsanteil allein ausreichen könnte, die kritische Ladung aufzubringen. Hierdurch ist die DRAM-Technik sehr SEU-anfällig.

nMOS-Speicherzelle

In Abb. 4.38 ist das Prinzipschaltbild einer statischen nMOS-Speicherzelle dargestellt.

Der hier angenommene Zustand ist durch den gesperrten linken MOS-Transistor gegeben und daher ist der gesperrte pn-Übergang des Drain-Anschlusses gefähr-

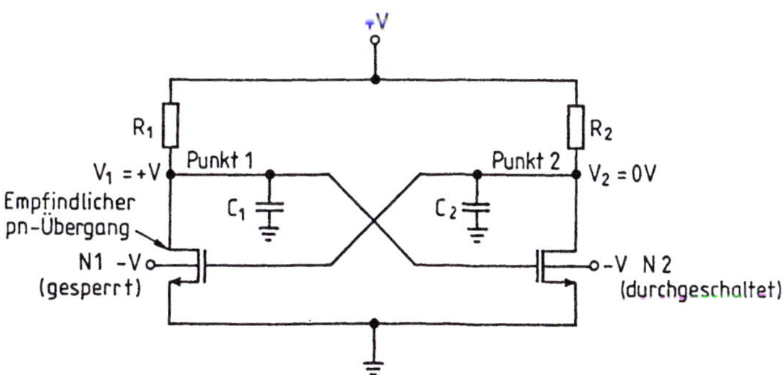

Abb. 4.38: Prinzipschaltbild einer statischen nMOS-Speicherzelle

det. Trifft hier ein Ion ein, so wird am Knotenpunkt 1 ein negativer Spannungspuls - ΔV erzeugt. Der Abbau dieses Spannungssprunges erfolgt über eine Zeitkonstante T_R, die durch die Kapazität C_1 (pn(N1)- und Gate-Kapazität von N2) ≈0,1pF und den Lastwiderstand R1 gegeben ist. Wegen des anzustrebenden geringen Leistungsverbrauchs sind die Lastwiderstände R1 und R2 sehr hochohmig ($10^9\Omega$). Die Erholzeitkonstante $T_R = C_1 \cdot R_1 = 100$ µs ist ebenfalls so hoch, daß neben Drift und Funnelkomponente auch die verzögerte Diffusion zu ΔV beiträgt. Wird durch den Ionentreffer die kritische Ladung erzeugt, kippt die Speicherzelle um.

CMOS-Speicherzelle

Bei der in Abb. 4.39 dargestellten CMOS-Speicherzelle treten ähnliche Verhältnisse wie bei der nMOS-Zelle auf, mit dem Unterschied, daß zwei gesperrte pn-Übergänge auftreten und die gesperrten Transistoren niederohmig mit der Versorgungsspannung oder mit dem Erdpotential verbunden sind. Wird nun einer dieser pn-Übergänge von einem Ion getroffen, so erfolgt ebenfalls ein Spannungssprung ΔV an dem betroffenen pn-Übergang. Hier ist jedoch die Erholphase dieses Spannungssprunges durch die durchgeschalteten Transistoren erheblich beschleunigt. Eine sehr vereinfachte Rechnung für $T_R = R \cdot C$ (mit $C = C_{Gate} + C_{pn} \approx 0{,}2$pF und $R \approx 1/g$ des durchgeschalteten MOS-FETS von etwa 2k) ergibt einen Wert von 0,4ns. Die Zeit, die notwendig ist, das "Signal"ΔV auf die andere Stufe zu übermitteln, beträgt etwa 1 ns. Es kommt daher aufgrund der

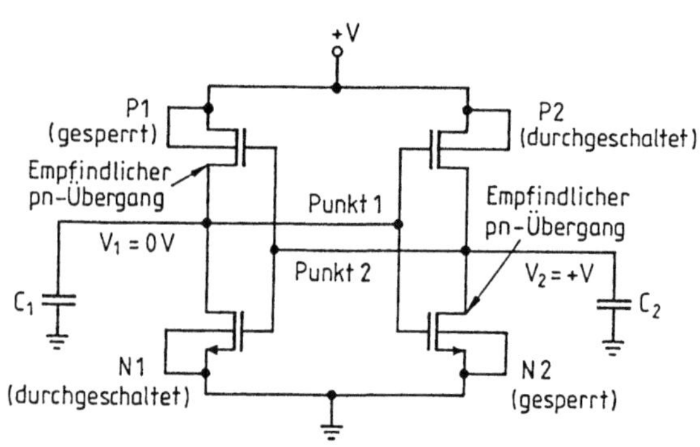

Abb. 4.39: Prinzipschaltbild einer statischen CMOS-Speicherzelle

kurzen Erholzeit keine Beteiligung der Diffusionskomponente in Frage. Sogar die schnellen, spontanen Anteile auf Drift und Funneling klingen bereits wieder ab. Falls die Übertragungszeit zur anderen Stufe erhöht wird, sinkt die Wahrscheinlichkeit für SEU weiter. Das ist ein wichtiger Gesichtspunkt für eine Härtungsmöglichkeit. Wird ein leichter Widerstand (~100 Ω) in die Gegenkopplungszweige eingeführt, so wird die CMOS-Zelle praktisch SEU-immun.

In diesem Zusammenhang ist auf eine andere Fehlermöglichkeit von CMOS-Schaltungen einzugehen: den Latch-up durch lokalisierte Einzelereignisse. Hierunter ist das Einklinken einer Schaltung in einen nicht mehr steuerbaren Zustand zu verstehen.

In Abb. 4.40 ist eine Ersatzschaltung des CMOS-Inverters, der einen lateralen pnp- und einen vertikalen npn-Transistor in einer Konfiguration eines Thyristors enthält.

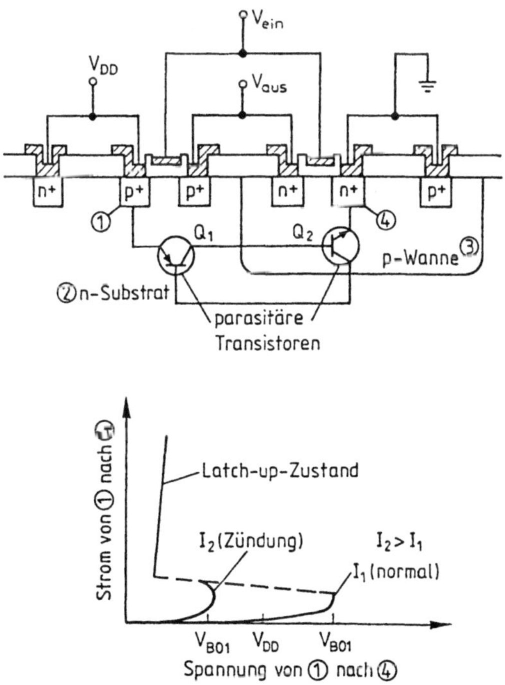

Abb. 4.40: Darstellung des Latch-up-Mechanismus

Wird durch einen Ionentreffer ein Spannungssprung ΔV (= I·R) im Bahngebiet erzeugt, der diesen Thyristor zum Durchschalten bringt, so fließt von $+V_{DD}$ ein praktisch nicht begrenzter Strom gegen Masse. Hierdurch kann der CMOS-Inverter thermisch zerstört werden.

I^2L- und TTL-Technologie

Bei der Behandlung von I^2L- und TTL- (oder auch ECL-) Technologien ist die Vorgehensweise ganz ähnlich wie bei den bisher behandelten Technologien. Immer sind ein oder mehrere in Sperr-Richtung gepolte pn-Übergänge zu orten, einen möglichen eingeprägten Strompuls anzulegen und die Auswirkung dieses oder mehrerer vorhandener Generatoren auf die Schaltungsfunktionen zu erarbeiten. Dieses ist oft recht schwierig und nicht selten nur über Simulationsprogramme durchführbar.

4.5 Degradation, Härtung und Miniaturisierung

In Abb. 4.41 ist noch einmal zusammengefaßt, wie die grundsätzlichen Schädigungstypen unterteilt werden können, welche typischen Ursachen dafür zuständig sind und welche Auswirkungen auf die Bauteilfunktionen auftreten können.

Je nach Einsatz der Bauteile in unterschiedlichen Strahlungsumgebungen ist daher mit unterschiedlichen Wirkungen zu rechnen. Hinzu kommt, daß eine Technologie - MOS, bipolar - oder der Schaltungsaufbau auf die einzelnen Schädigungstypen unterschiedlich empfindlich sind.

Die natürliche Strahlungsumgebung im Weltraum ist charakterisiert durch eine vergleichsweise niedrige und mehr oder weniger konstante Dosisrate, die allerdings wegen der großen Missionszeiten zu einer relativ hohen Dosis führen kann, die vom Bauelement absorbiert wird. Im Vergleich hierzu treten bei einer thermonuklearen Explosion kurze Pulse hoher Leistung für Röntgen- und γ-Strahlen auf und ebenso für Neutronen und andere Spaltprodukte. Diese Pulse haben eine Dauer von einigen Nanosekunden bis hin zu einigen Sekunden.

Für Satellitenmissionen durch die intensitätsreichsten Gebiete des van Allen-Gürtels bewirken Elektronen eine maximale Dosisrate von etwa 100 rad(Si)/h (Proto-

AUSLÖSENDES EREIGNIS	BEISPIEL	DOMINIER. SCHÄDIGUNG	DEFEKT-TYP	TYPISCH VERURSACHT DURCH	WIRKUNG
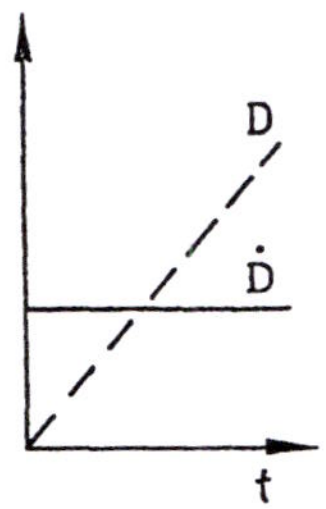	$\dot{D}$ = 1 mRAD/S T = 7 JAHRE	PERMANENT	VERLAGERUNG (DISPLACEMENT)	NEUTRONEN	• VERRINGERUNG DER MINORITÄTS-TRÄGER-LEBENSDAUER • VERRINGERUNG DER BEWEGLICHKEIT • VERRINGERUNG DER MAJORITÄTS-TRÄGER-KONZENTRATION
			IONISATION (TOTAL DOSE)	ELEKTRONEN, QUANTEN	• POSITIVER LADUNGSAUFBAU IM ISOLATOR (SiO_2) • ERHÖHUNG DER PHASENGRENZ-ZUSTANDSDICHTE
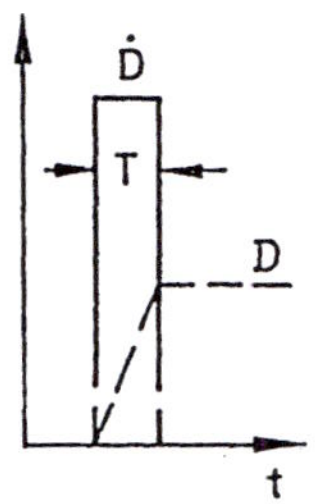	$\dot{D}$ = 10^9 RAD/S T = 1 μs	TRANSIENT	TRANSIENTE IONISATION (TREE)	QUANTEN	• FOTOSTRÖME • PERMANENT-SCHÄDIGUNG
			LOKALE IONISATION (SEU)	IONEN	• FOTOSTRÖME • SOFT ERRORS • LATCH UP

Abb. 4.41: Unterteilung verschiedener Schädigungsarten nach dem Primärereignis

nen $\approx$ 10 rad(Si)/h). Daneben treten hochenergetische Ionen hoher Masse (Sauerstoff, Kohlenstoff, Eisen u.a.) mit Energien von hunderten von GeV auf.

Das Spektrum eines Kernreaktors enthält vorwiegend γ-, Elektronen- und Neutronenstrahlung. Für den Fall eines GAU (größter anzunehmender Unfall) kann eine Dosis von $2 \cdot 10^7$ bis $2 \cdot 10^8$ rad(Si) in einer 30tägigen Periode auftreten.

Die Folgen einer nuklearen Explosion sind neben anderem: absorbierte Dosis von 10^6 rad(Si), Neutronenfluenzen von 2 bis $4 \cdot 10^{14}$ n/cm^2 und Dosisraten von mehr als 10^{12} rad(Si)/s. Die absorbierte Dosis einer Weltraummission übersteigt selten 10^6 rad(Si).

Bei der Behandlung der Strahlungshärte einzelner Bauteile-Gruppen ist daher das Eingehen auf jeden einzelnen der Schädigungstypen notwendig. Dabei stellt sich dann heraus, daß diese Bauteile im Rahmen der obengenannten Grenzbelastungen hart, nur in Teilbereichen hart, oder "weich" sind. An einigen Bauteil-Typen und Bauteil-Technologien soll daher versucht werden, den Schädigungsmechanismus zu definieren, mögliche Maßnahmen zur Strahlungshärtung anzugeben und dann die Auswirkungen der Miniaturisierung zu erörtern. Der wesentliche Ansatz ist hier wiederum die MOS-Technologie, und das aus verschiedenen Gründen:

- die MOS und insbesondere die CMOS sind die am weitesten verbreiteten Halbleiter-Technologien.
- Härtungsmöglichkeiten auf der technologischen Seite und der Schaltungsebene sind bekannt (Abb. 4.42).
- Die Funktionseigenschaften und die Herstellungsmöglichkeiten sind anderen Technologien überlegen.
- Wirtschaftliche Gesichtspunkte.

Bei der Vorhersage der Strahlungsfestigkeit sind einige Parameter zu beachten:

1) Das Ausheilverhalten muß bekannt sein. (Die Unterscheidung in weiche und harte Oxide beruht im wesentlichen auf dem unterschiedlichen Ausheilverhalten.)

2) Einsatztemperatur (im militärischen Bereich - 50 bis 125°C)

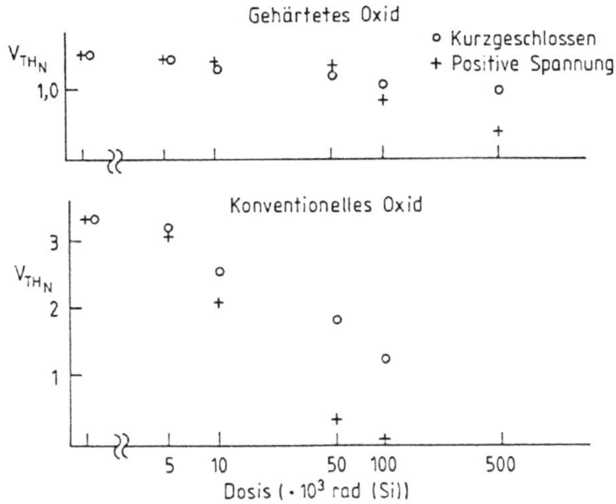

Abb. 4.42: Schwellspannungsverschiebung von gehärteten Oxiden im Vergleich zu konventionellen [63].

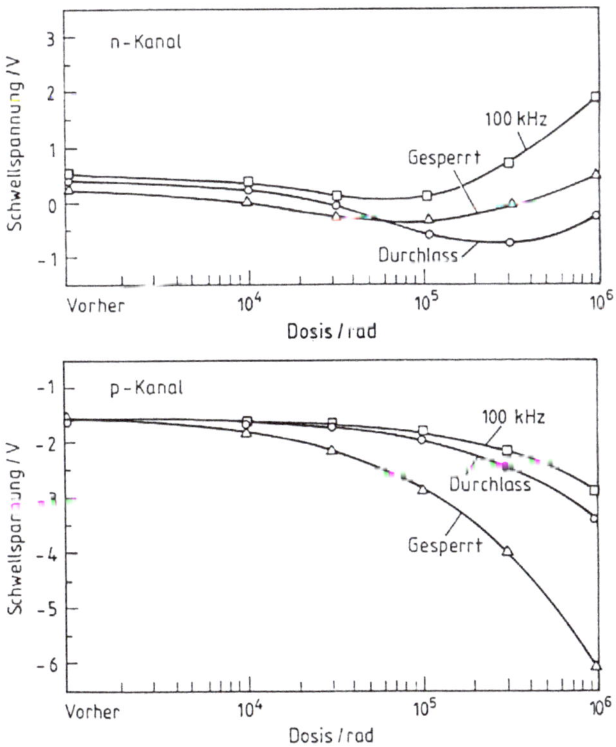

Abb. 4.43: Schwellspannungsverschiebung für n-Kanal und p-Kanal MOS-Transistoren in Abhängigkeit von der Beschaltung während der Bestrahlung [64]

3) Betriebsspannung und deren Wechsel im Betrieb.

Ein Beispiel für den Einfluß der Betriebsspannung während der Bestrahlung gibt Abb. 4.43 an.

Wird ein MOS-Transistor bei 80 K (flüssiger Stickstoff) bestrahlt, so ist die Wirkung unabhängig von der Strahlungshärte des Isolators. Bei Raumtemperatur heilt gehärtetes Oxid jedoch wesentlich schneller aus (innerhalb von Millisekunden). Für poly-Si-gates ergibt sich für den n-Kanal-Transistor ein weiteres Merkmal, welches als "rebound" bezeichnet wird: Das unterschiedliche Ausheilverhalten von Q_{Ot} und Q_{it}, wodurch ein Schwellspannungwert erreicht wird, der größer als vor Bestrahlung ist (Abb. 4.44). Dieser "rebound"-Effekt ist stark von Spannung und Temperatur abhängig.

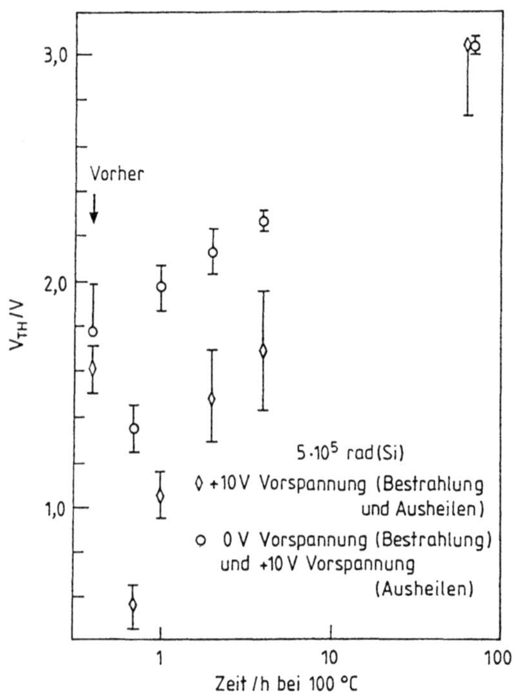

Abb. 4.44: Verhalten der Schwellspannung bei 100°C über der Zeit nach Beendigung der Bestrahlung (Rebound-Effekt) [65]

MOS-Bauelemente

MOS-Bauelemente sind Majoritätsträger-Bauelemente, daher nicht von der Minoritätsträger-Lebensdauer beeinflußt und deshalb resistent gegen Neutronenbestrahlung. Erst carrier removal ($\phi_N \geqq 1 \cdot 10^{16}$ cm^{-2}) wird die Eigenschaften ändern. MOS-Bauelemente sind jedoch sehr empfindlich gegen Ionisationsschädigung und übliche Schaltkreise (kommerzielle) überstehen eine Belastung von mehr als 10^4 rad(Si) selten. Das Ziel, MOS-Bauelemente in strahlungsbelasteter Umgebung einzusetzen, macht eine Härtung um zwei Größenordnungen notwendig.

Die dominierende Technologie unter Strahlungsgesichtspunkten ist die CMOS-Technologie. Die Gründe hierfür sind:

- überragender Rauschabstand in Digitalschaltungen
- wichtiger noch, die geringe Leistungsaufnahme, die Voraussetzung für vielfältige Einsätze ist (Satelliten u.a.).

Wenn auch CMOS-Technologie im folgenden im Vordergrund steht, gelten jedoch auch viele Überlegungen für n-MOS.

Die für die Betrachtungen des Einsatzes in strahlungsbelasteter Umgebung von CMOS wichtigsten Punkte sind:

1) Der Gate-Isolator
2) Das Feld-Oxid (oder für SOS oder SOI der Rückkanal)
3) Latch-up (speziell für bulk-CMOS)
4) SEU

Die wichtigsten CMOS-Technologien sind CMOS/bulk und CMOS/SOS. Für den Strahlungseinsatz wird ein epitaktisches Substrat und Junction-Isolation benutzt, letzteres wie in kommerziellen Bauteilen. Die SOS-CMOS-Technologie benutzt ebenfalls einen epitaktischen Film, aber ein isolierendes Substrat. Abb. 4.45 vergleicht diese Technologien.

Die Härtung für beide Technologien geht von verschiedenen Angängen aus. Z.B. benötigt CMOS/bulk Vorsichtsmaßnahmen gegen latch-up, während diese Schädigungsart für CMOS/SOS praktisch ausgeschlossen ist. Ebenso muß bei

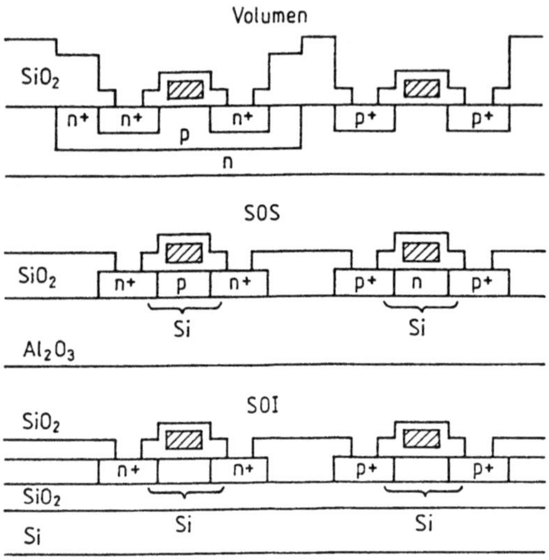

Abb. 4.45: Vergleich verschiedener CMOS-Technologien

CMOS/bulk auf parasitäre Feldregionen geachtet werden, während auch dies bei CMOS/SOS praktisch nicht existiert. Dagegen hat CMOS/SOS seinen eigenen Schädigungsmechanismus: back channel Leckströme durch Aufladung des Substrat-Isolators. Der erste Schritt zur Erhöhung der Strahlungsfestigkeit ist die Wahl eines $<100>$-Substrates. Als nächstes folgt die Härtung des Gate-Oxides. Der Vorgang der Erzeugung von Elektron-Loch-Paaren, deren Trennung durch äußere Felder (z.B. Betriebsspannung), die Drift von Löchern zur negativeren Phasengrenze, das Einfangen von Löchern in Traps nahe der Phasengrenze und die Erzeugung zusätzlicher Phasengrenzzustände sind bereits behandelt worden. Die Beweglichkeit der Löcher im Oxid ist stark abhängig von Feld-, Temperatur- und Technologie-Parametern. In gehärteten Oxiden sind die Löcher sehr viel beweglicher als in "weichen" Oxiden. Bei p-Kanal-Transistoren sind beide Ladungen (Oxid-Ladung und Phasengrenzladung) positiv. Die Schwellspannung wird hierdurch erhöht (in negativer Richtung). Für n-Kanal-Transistoren erhöht sich zunächst die Oxid-Ladung mehr als die Phasengrenzladung (die für n-Kanal-Transistoren negativ ist), und das bewirkt eine anfängliche Verringerung der Schwellspannung (ebenfalls in negativer Richtung). Bei Dosiswerten von 10^5 rad(Si) beginnt die Ladung der Phasengrenzzuständen (negativ) die erzeugte Oxid-Ladung (positiv) zu übersteigen, die Schwellspannungsänderung ändert

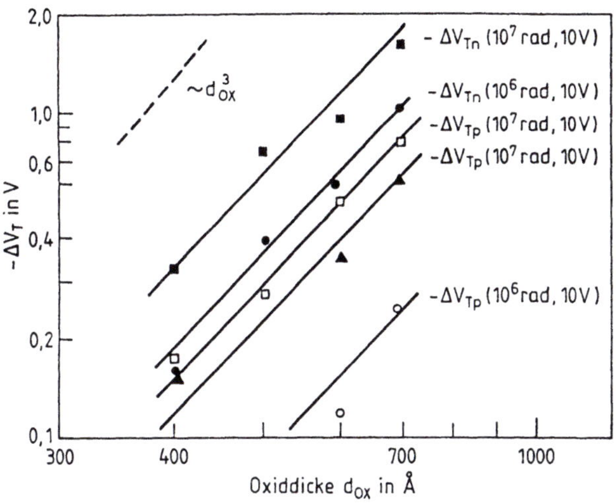

Abb. 4.46: Einfluß der Oxid-Dicke auf die Schwellspannungsverschiebung [66]

ihre Richtung. Ebenfalls in der Gegend von 10^5 rad(Si) verringert sich die Elektronenbeweglichkeit im Kanal (bis zu 30 %). D.h. ein reduzierter Aufbau von D_{it} verringert auch die Beweglichkeits-Degradation.

Die Aufgabe besteht also in der Reduzierung der strahlungsinduzierten Schwellspannungsverschiebung. Dabei ist die stärkste Einflußnahme die technologisch am leichtesten zu realisierende: Verringerung der Oxid-Dicke d_{ox}. In Abb. 4.46 ist die Abhängigkeit dargestellt. Dieser Zusammenhang ist bisher in allen Fällen festgestellt worden, wobei eine d_{ox}^2- bis d_{ox}^3-Abhängigkeit festgestellt wurde. Vom Gesichtspunkt der Strahlenhärte ist daher eine starke Reduzierung von d_{ox} angestrebt, die jedoch aus Gründen der Oxid-Zuverlässigkeit moderat gehalten wird:

metal gate	10 V	700 Å
silicon gate	10 V	550 Å
silicon gate	5 V	300 Å.

Wie aus Abb. 4.47 hervorgeht, ist ebenfalls der "rebound"-Effekt d_{ox}-abhängig, ebenso spannungsabhängig, Abb. 4.48.

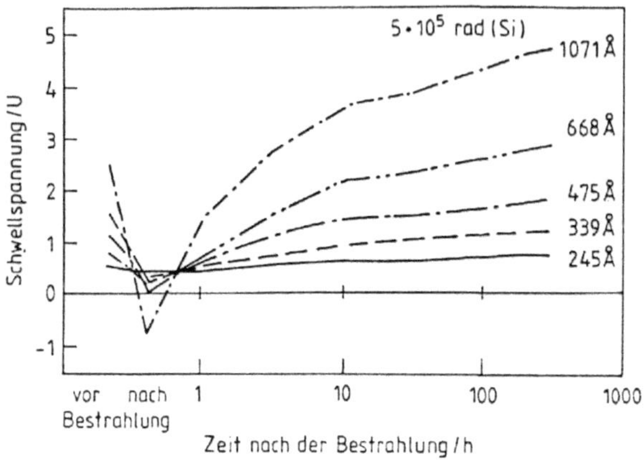

Abb. 4.47: Einfluß der Oxid-Dicke auf den Rebound-Effekt [65]

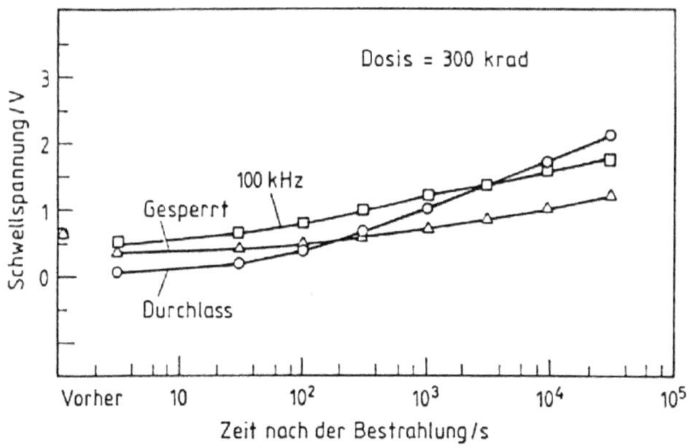

Abb. 4.48: Der Rebound-Effekt in Abhängigkeit von der Beschaltung während und nach der Bestrahlung [65]

Der nächste Schritt ist die Wahl der Gas-Medien und der Temperatur für die Oxidation: naß oder trocken. Wenn ein trockener Prozeß gewählt wird, sollte die Temperatur bei 1000oC liegen und das Medium sollte rein sein (kein Cl, N_2). Abb. 4.49 stellt eine Abhängigkeit von Strahlungshärte und Temperatur dar (Optimum bei 1000°C). Wenn nasse Oxidation gewählt wird, dann sollte die Temperatur bei 850°C liegen. Für SOS ist der nasse Prozeß der günstigere, da hierbei geringere Temperaturspannungen zum Al_2O_3-Substrat auftreten. Der trockene

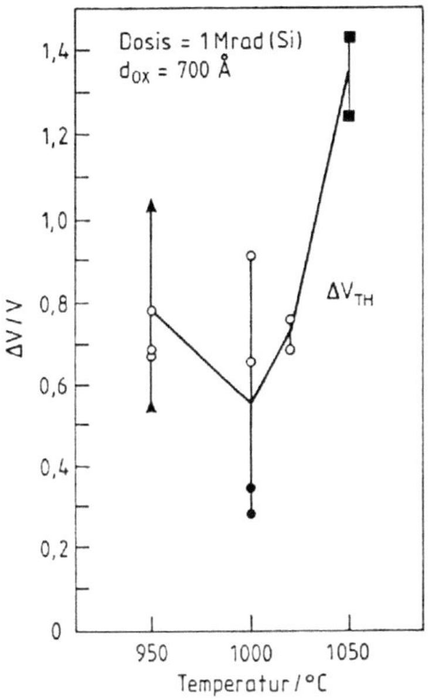

Abb. 4.49: Einfluß der Oxidationstemperatur auf die Schwellspannungsverschiebung [66]

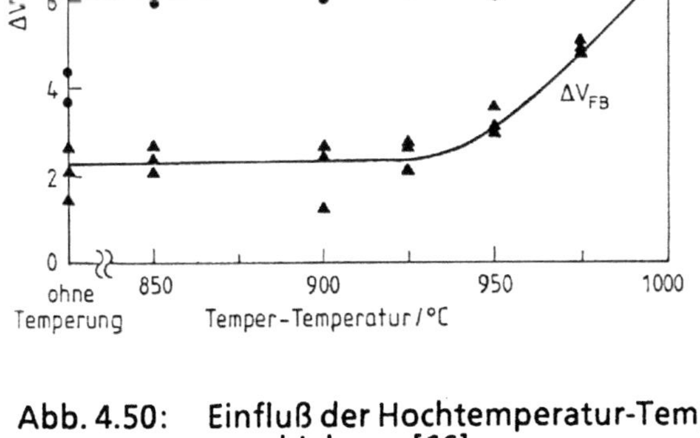

Abb. 4.50: Einfluß der Hochtemperatur-Temperung auf die Schwellspannungsverschiebung [66]

Prozeß ist i.a. reproduzierbarer und wird benutzt, wenn Härtung $>10^6$ rad(Si) angestrebt wird.

Die Temperaturprozesse, die der Oxidation folgen, sind kritisch für die Strahlungshärte. Als eine allgemeine Regel sollten alle folgenden Temperaturen unter 900°C liegen. Ebenso sollten die Temperzeiten gering gehalten werden (Abb. 4.50).

Diese Forderung ist erheblich einschränkend. Für poly-Si-gate-Technik wird die Dotierung problematisch, für Ionenimplantation die Aktivierung der Dotierungsatome. Ebenso ist Oxide-reflow ausgeschlossen ($T \geqq 1000$°C). Daher werden andere Techniken für die Kontaktierungsebene erforderlich.

Unter Einhaltung dieser Forderungen ist ein hartes Gate-Oxid ($\geqq 10^5$ rad(Si)) leicht herstellbar. Das Verständnis der Prozeßempfindlichkeit ermöglicht ebenso die gezielte Verringerung der Phasengrenzzustände. Im Falle des "rebound"-Effektes ist es dann jedoch gleichzeitig notwendig, Q_{Ot} klein zu halten, da für den n-Kanal-Transistor gerade der kompensierende Einfluß maßgeblich ist.

Die Abb. 4.51 und 4.52 geben den heutigen Stand der Härtungsmöglichkeiten für ein 450 Å silicon gate-Bauteil an. Die p-Kanal-Schwellspannungsverschiebung kann unter 500 mV für 10^6 rad(Si) gehalten werden und die des n-Kanal-Transis-

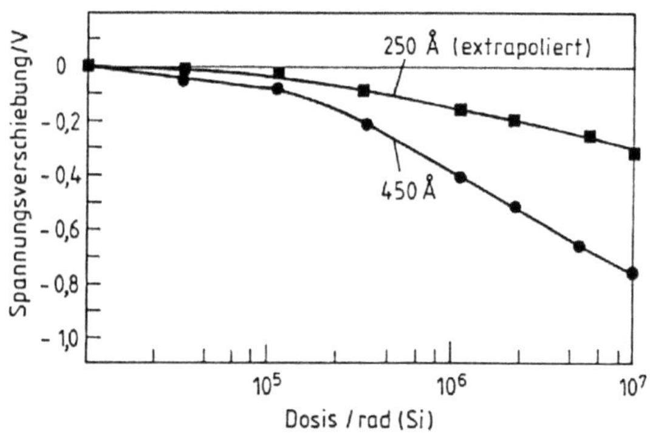

Abb. 4.51: Schwellspannungsverschiebung für einen Poly-Si-p-Kanal-MOS-Transistor in Abhängigkeit von der Dosis. Parameter ist die Oxid-Dicke [67].

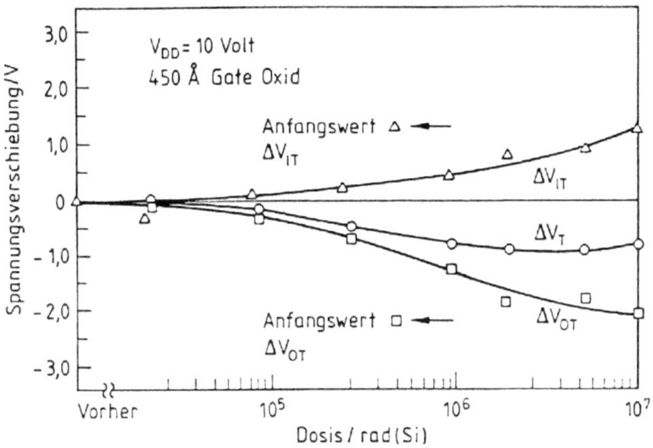

Abb. 4.52: Anteile der Schwellspannungsverschiebung, hervorgerufen durch Oxid-Ladungen und Phasengrenzzustände, über der Dosis [67]

tors unter 1V. In Abb. 4.52 ist außerdem der für die Schwellspannungsverschiebung anteilige Einfluß der Oxid-Ladung und der Phasengrenzladung angegeben.

Kommerzielle CMOS- oder n-Kanal-Schaltkreise fallen typischerweise bei einer Dosis von 10^4 rad(Si) aus. Erwartungsgemäß erreichen die Schwellspannungen von n- und p-Kanal-Transistoren einen Wert, bei dem der Schaltkreis nicht mehr funktioniert. Diese Verschiebung beträgt i.a. mehr als 500 mV bei 10^4 rad(Si). Da diese Verschiebung spannungsabhängig ist, sind logische Funktionen - wie etwa beim sense amplifier - sehr empfindlich gegen "total dose". Die zweithäufigste Ursache für ein Fehlverhalten von CMOS und n-MOS ist die Inversion eines p-Substrates unter einem Feld-Oxid. Diese Feld-Oxide sind 0,8-1 µm dick und, obwohl die Oxid-Dickenabhängigkeit von d_{ox}^2 bis d_{ox}^3 für dicke Oxide linear wird (Abb. 4.53), kann die Schwellspannungsverschiebung eines Feld-Oxides bei 10^4 rad(Si) recht bemerkenswert sein.

Da Schwellspannungsverschiebungen von etwa 15 V zur Inversion führen (für p-Regionen), ist Inversion wahrscheinlich. n-Regionen gehen weiter in Akkumulation.

Zur Härtung der Feld-Oxid-Region werden verschiedene Techniken angewendet. Ein Beispiel ist das Konzept des geschlossenen-Geometrie-Entwurfs (C2L = Closed Cell Layout) (Abb. 4.54).

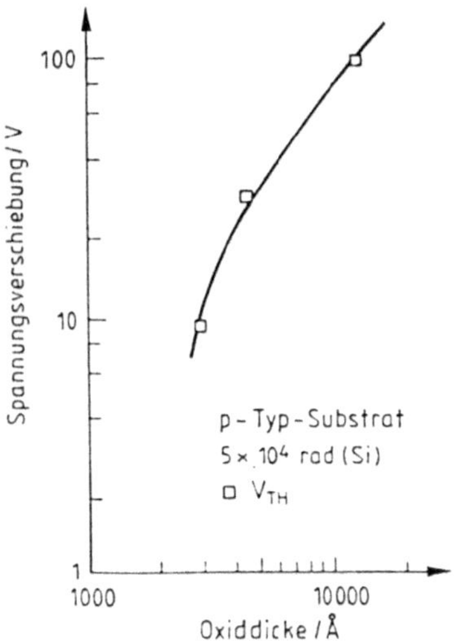

Abb.4.53: Schwellspannungsverschiebung in Abhängigkeit von der Oxid-Dicke für Feld-Oxide [68]

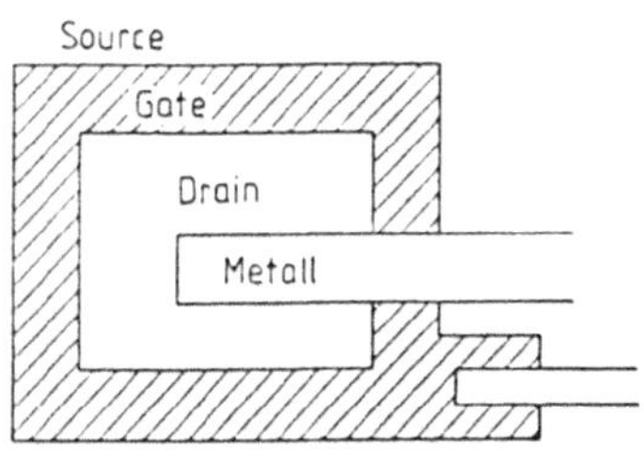

Abb. 4.54: C2L (closed cell layout) [69]

Hier ist Drain vom Gate umgeben und Source ist über dem Substrat angebracht. Der Cosmac Prozessor 1802 von RCA ist mit dieser Technik bis 10^5 rad(Si) hart gemacht worden. Jedoch gibt es hier Nachteile für Funktion und Packungsdichte. Eine bessere Technik ist die Anwendung der sogenannten diffundierten "guard-bands". Hierunter versteht man die Einbringung einer hochdotierten p+-Zone durch Diffusion oder Implantation unter das dünne Gate-Oxid an der Stelle, wo es in das Feld-Oxid übergeht (Abb. 4.55). Die hohe Dotierung verhindert eine Inversion auch bei hohen Schwellspannungsverschiebungen. Es ist wichtig, daß das "guard band" in die aktive Gate-Region hineinreichen muß und daß nur n-Kanal-Transistoren diese Technik benötigen.

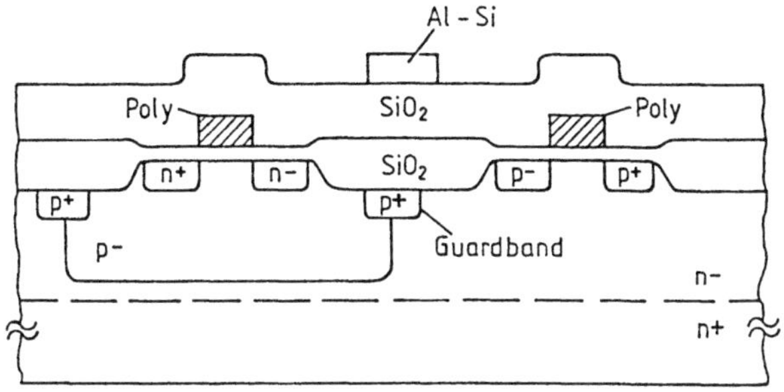

Abb. 4.55: Guardband-Technologie [70]

Die Nachteile dieser Technik sind:

- zusätzliche Prozeßstufen sind erforderlich
- höherer Flächenbedarf (20 %)
- große Gate-Fläche ohne entsprechende zusätzliche Treiberleistung
- zusätzliche hochdotierte Region kann die Güte des Oxides herabsetzen.

Diese Technik ist jedoch erfolgreich angewendet worden und hat zu einer Vielzahl von harten Hirel-Bauteilen geführt (Hirel = High Reliability, Bauteile sind einer protokollierten Fertigung unterworfen).

Eine elegantere Lösung ist die Entwicklung eines strahlenharten Feld-Oxides. Hierdurch kann die "guard-band"-Technik mit den daraus resultierenden Nachteilen vermieden werden. Das Prinzip des harten Feld-Oxides beruht darauf, daß die Generation von Phasengrenzzuständen die der Oxid-Ladungen übersteigt. Auf diese Weise gewährleistet dieses Oxid, daß der Halbleiter unterhalb des Feld-Oxids immer in Akkumulation bleibt, unabhängig, ob es sich um p- oder n-Material handelt. Hiermit werden strahlungsharte SRAM (16 K) bis 10^6 rad(Si) hergestellt.

Die ursprüngliche Absicht, CMOS/bulk durch CMOS/SOS zu ersetzen, war aus militärischen Gesichtspunkten geboren und beruhte auf dem Fehlen des latch-up-Risikos für CMOS/SOS. CMOS/bulk enthält eine Vielzahl von parasitären pnp- und npn-Transistoren, die im Normalfall inaktiv sind, da keiner der entsprechenden pn-Übergänge in Flußrichtung gepolt ist. Für Strahlungspulse jedoch werden Fotoströme erzeugt, die zu Spannungen (= I·R) führen können, die diese pn-

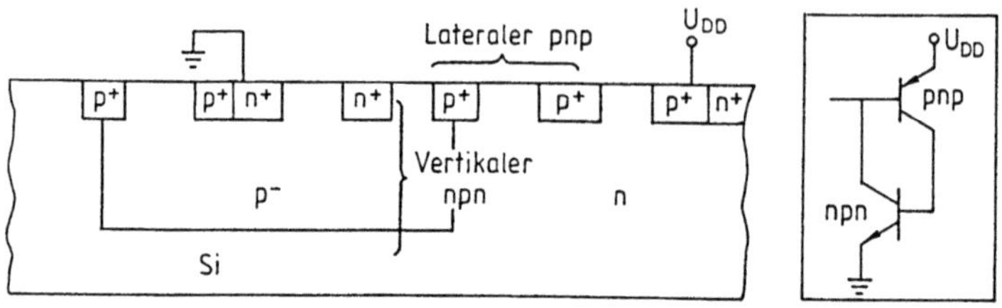

Abb. 4.56: Darstellung der Vierschicht-Strukturen in CMOS und Ersatzschaltbild

Übergänge in Flußrichtung polen. Wie bereits erwähnt und in Abb. 4.56 wiederholt, sind diese Transistoren wie Vierschichtstrukturen (Thyristoren) zusammengeschaltet. Wenn die Emitter in Flußrichtung vorgepolt werden, dann erfolgt ein latch-up. Voraussetzung hierfür ist, daß das Produkt der Emittergleichstromverstärkungen zweier parasitärer Transistoren ≥ 1 wird. Für einen typischen CMOS-Schaltkreis ist $h_{FE}(pnp) \approx 0{,}1$ und $h_{FE}(npn) \approx 30$. Unter diesen Bedingungen ist ein latch-up leicht durch transiente Strahlung erzeugt. Nicht gehärtete CMOS-Schaltkreise können bei transienten Pegeln von 10^9 rad/s oder durch einzelne Ionen durchschalten.

Da die tatsächliche absorbierte Dosis gering ist ($< 10^4$ rad(Si)), bietet es sich an, gehärtete Bauteile einem latch-up-Test zu unterwerfen, um die Bauteile, die durchschalten, auszusondern (screening). Leider sind die Vorgänge komplexer: latch-up-Fenster sind beobachtet worden.

Eine optimale Lösung des latch-up-Problems wäre eine generelle Lösung, welche unabhängig von dem speziellen Schaltungsentwurf wäre. Dies würde bedeuten, daß alle Quellen für einen Spannungsabfall (für p- und n-Kanal und für p-Wanne) zu den Kontakten und zum Substrat beseitigt werden müßten. Hinzu kommt, daß p^+-guard-Ringe (Pseudo-Kollektoren) in das n-Substrat zwischen p^+-Diffusion und p-Wanne eingeführt werden müßten. Bei der Komplexität moderner Schaltungen ist das praktisch nicht möglich.

Eine andere Lösung ist die Kontrolle der Minoritätsträger-Lebensdauer durch Gold-Dotierung (nachteilig ist die Möglichkeit der Verunreinigung der Prozeßrohre) oder Neutronenbestrahlung. Neutronenbestrahlung (10^{14} cm-2) reduziert die Minoritätsträger-Lebensdauer bis zu < 10 ns.

Nachteile: 1. Bestrahlung vor Kontaktierung und Kapselung
- Schaltkreise mit kleineren Dimensionen sind relativ unabhängig von τ
- Temperaturprozesse heilen τ teilweise aus

2. Bestrahlung nach Kontaktierung und Kapselung
- Radioaktive Rückstände (Metalle)

Die heute beste Lösung besteht in einer dünnen hochleitenden Epitaxieschicht, die die Widerstände im Bauteil "kurzschließt" und so einen Spannungssprung verhindert. Gute Ergebnisse bis 1,5 µm Strukturgröße kann man hierdurch erhalten. Andere, externe Möglichkeiten sind

- Beobachtung der Verlustleistung
- Strombegrenzung
- Vergleich mit Taktfrequenz bei getakteten Bauteilen.

Transiente Ionisation ist - ähnlich wie latch-up - durch Fotoströme hervorgerufen. Kommerzielle CMOS-Schaltkreise tolerieren Dosisraten von $5\text{-}10 \cdot 10^8$ rad(Si)/s. Dieser Wert ist jedoch abhängig von der Pulsweite (Abb. 4.57).

CMOS-Schaltkreise, die gegen transiente Ionisation gehärtet sind, ertragen etwa 10^{10} rad(Si)/s. CMOS/SOS ist etwa um den Faktor 10 härter. CMOS/SOS hat einen

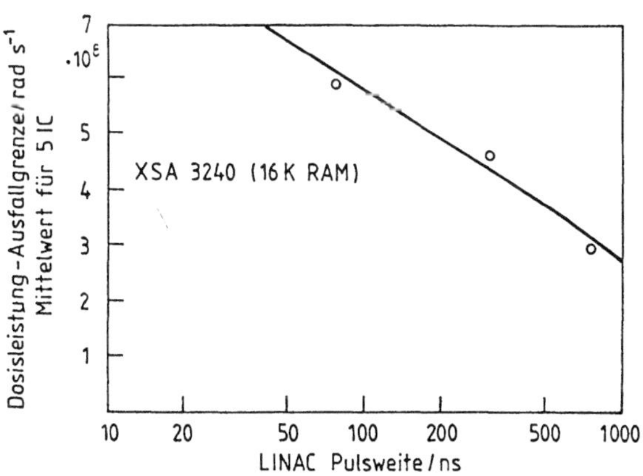

Abb. 4.57: Dosisratenabhängiger Ausfall für MOS-Speicher [71]

spezifischen Fehler-Mechanismus: Ladungsaufbau an der Phasengrenze Si/Al_2O_3 mit Aufbau eines Leckpfades zwischen Source und Drain. Die Härte des rückseitigen Kanals ist eine Funktion der Güte der Phasengrenze epi-Si/Al_2O_3.

Eine zweite Schwierigkeit ist Oxidation der Siliziumoberfläche auch in <111>-Richtung, die zu einer Erhöhung der Phasengrenzzustandsdichte an dieser Stelle führt.

Die SEU-Problematik inklusive Härtung von CMOS ist bereits früher behandelt worden.

MOS-Leistungstransistoren

Als Untergruppe der MOS-Technik besitzen MOS-Leistungstransistoren einige typische Merkmale in Richtung Bestrahlung. In Abb. 4.58 sind die gebräuchlichsten Arten dargestellt: V-MOS und D-MOS (V wegen des anisotrop eingeätzten v-förmigen Querschnitts, D wegen doppelt diffundiert (implantiert)).

Die Härtung des Gate-Oxids geht nach ähnlichen Gesichtspunkten wie die bereits erwähnten Härtungsmaßnahmen vor sich. Aufgrund des niedrigen "On"-Widerstandes und der Fähigkeit, hohe Ströme zu leiten, entsteht jedoch das Problem der thermischen Zerstörung bei Belastung mit hohen Dosisraten D. Die Empfindlichkeit ist stark abhängig von

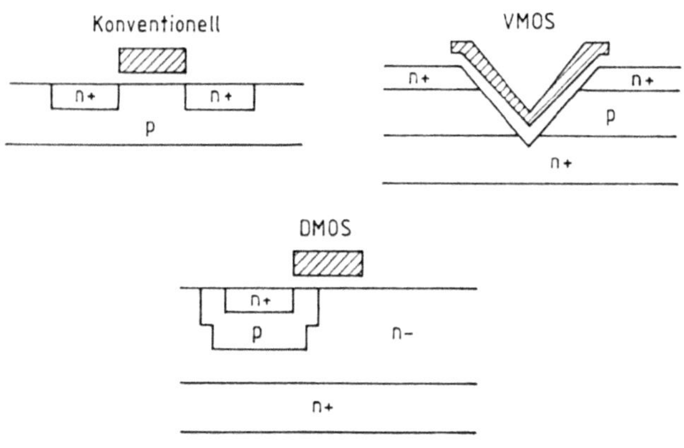

Abb. 4.58: Verschiedene Arten von Leistungs-MOSFETs

- Kapazität der Versorgung
- Betriebsspannung relativ zur maximal zulässigen Betriebsspannung
- Eingangsimpedanz.

Der Ausfall von MOS-Leistungstransistoren erfolgt normalerweise für $\dot{D} > 10^9$ rad(Si)/s und während der Erholung, wenn maximale Verlustleistung auftritt. Der Ausfallmechanismus ist entweder thermische Zerstörung der Diode für den Betrieb bei maximaler Verlustleistung oder zweiter Durchbruch des parasitären bipolaren Transistors. Verringerung der Erholzeit erhöht die Härte für transiente Ionisation. Einstellung der Minoritätsträger-Lebensdauer kann die Härte um 40 % erhöhen. Begrenzung des Stromflusses zur Vermeidung des thermischen Durchbruchs verschlechtert dagegen die Leistungsdaten des Bauteils.

Zusammenfassung MOS

Härtung von MOS erfordert ganz allgemein höhere Oberflächenkonzentrationen und das Arbeiten mit höheren Schwellspannungsverschiebungen. Beispielsweise arbeiten kommerzielle Bauteile mit zulässigen 300 mV (n-Kanal)-Schwellspannungen, während gehärtete Versionen (10^6 rad(Si)) mit 740 mV beaufschlagt werden. Hinzu kommt, daß gehärtete Versionen mehr auf einen statischen Betrieb zugeschnitten sind, um die Verlustleistungsforderungen (I_{DD}) für Raumfahrtanwendungen zu erfüllen. Aus diesem Grund sind die Schaltgeschwindigkeiten etwa 10-15 % niedriger als bei den entsprechenden kommerziellen Bauteilen. Der Grad der funktionalen Verschlechterung ist abhängig vom Schaltungsentwurf und von den Betriebsbedingungen, z.B. wird der Einfluß der ursprünglichen Schwellspannung für niedrige Versorgungsspannungen erhöht.

Wenn guard-bands (anstelle von gehärtetem SiO_2) benutzt werden, so ist mit einem 10-20 %igen Mehrbedarf an Fläche zu rechnen. Schaltkreisbegrenzung (z.B. Anzahl von Ausgangstransistoren, höhere Schwellspannungsvariation oder Vorkehrungen für geringe Steilheitsveränderungen) gehen in die gleiche Richtung.

Ausbeute kann ebenfalls beeinflußt werden durch zusätzliche (oder verbotene) Prozeßschritte: guard-bands, zusätzliche Widerstände (SEU), kein oxide reflow, dünneres Gate-Oxid (insbesondere mit Hochdiffusionsprozessen). CMOS ist jedoch eine Technologie, die für alle Fälle von Strahlungsbelastungen Lösungen bereitstellt und daher eine sehr interessante Technologie für Bauteile-Härtung darstellt. Eine breite Palette gehärteter Bauteile ist lieferbar.

Bipolare Bauteile

Bipolare Bauelemente arbeiten im Gegensatz zu MOS-Bauelementen mit Majoritäts- und Minoritätsträgern und sind daher empfindlich gegenüber Neutronen. Sie sind dagegen i.a. nicht so stark von der Oberfläche abhängig und daher nicht so empfindlich gegenüber ionisierender Strahlung. Schnelle Technologien, wie ECL und TTL, sind gegen beide Schädigungstypen relativ unempfindlich (Ausfall: $8 \cdot 10^{13}$-$2 \cdot 10^{15}$ n/cm^2 und 10^6-10^7 rad(Si)). Ausnahmen sind jedoch vorhanden.

- Hochspannungs- und Leistungsbauelemente
- lineare integrierte Schaltkreise.

Abb. 4.59 stellt die gebräuchlichsten bipolaren Technologien dar:

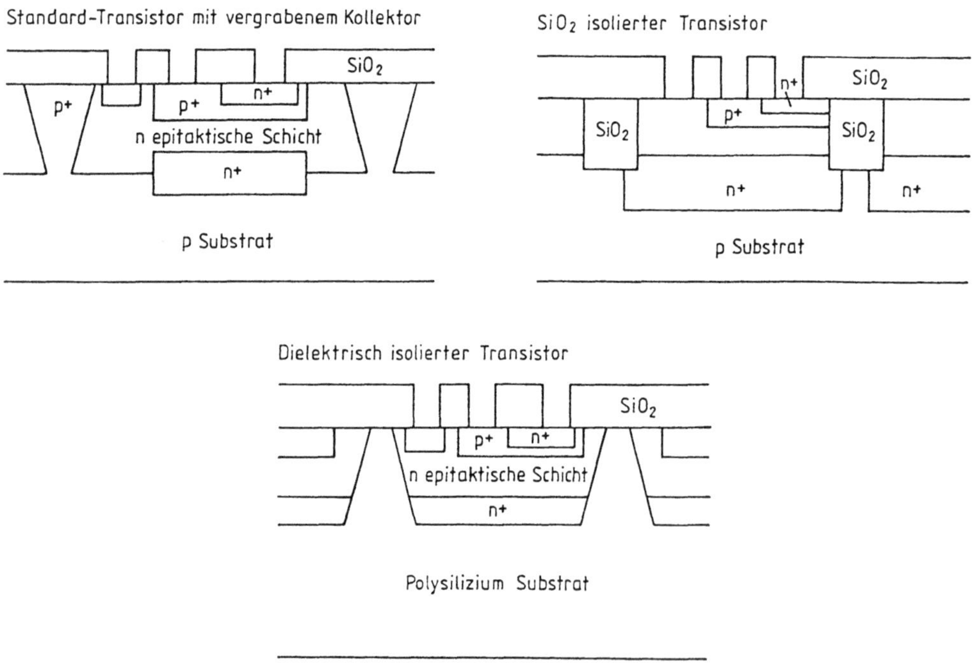

Abb. 4.59: Bipolare Transistoren verschiedener Technologien

- vergrabener Kollektor (standard buried collector) (SBC)
- Oxid-Isolation und
- dielektrische Isolation (DI).

Der letztere ist ein Prozeß exklusiv für Strahlungshärtung. Die SBC-Technologie ist die älteste bipolare und wird für Anwendungen bei höheren Spannungen (≧ 10 V) eingesetzt. Die Oxid-Isolation ist wegen der begrenzten Oxidationskinetik auf 5 V oder kleiner beschränkt, bietet jedoch die besten Packungsdichten für LSI.

Härtung gegenüber Neutronenschädigung ist im wesentlichen eine Reduzierung des Einflusses der Minoritätsträger auf das Bauteil-Verhalten. Dieses wird in erster Linie durch eine Reduzierung der Basisweite erreicht, ein Trend auch bei kommerziellen Bauteilen. Die damit verbundene Reduzierung der Betriebsspannungen geht in die gleiche Richtung: die Raumladungszonenweite wird hierdurch verringert. Eine Faustregel ist: 0,5 µm Basisweite widersteht einer Belastung von 10^{14} n/cm^2 und gewährleistet Funktionsfähigkeit der Schaltung. Neutronenschädigung ist gut beschreibbar und kann in den Schaltungsentwurf eingebracht werden. Ausheilverhalten als Funktion der Temperatur und des Injektionsgrades ist zeitlich gut angebbar. Die relative Härte gegenüber Neutronen ist in Abb. 4.60 dargestellt und, wie erwartet, steigt die Härte mit kleiner werden-

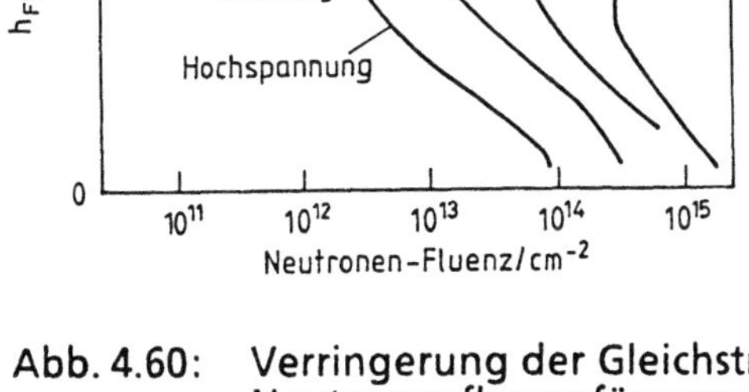

Abb. 4.60: Verringerung der Gleichstromverstärkung in Abhängigkeit von der Neutronenfluenz für verschiedene Transistortypen

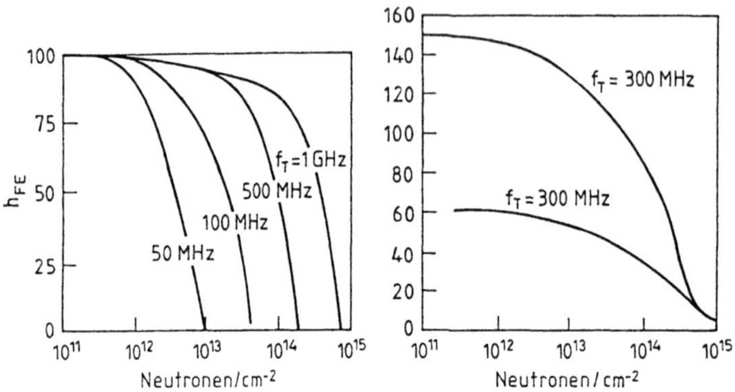

Abb. 4.61: Einfluß der Transitfrequenz auf das Degradationverhalten von bipolaren Transistoren

der Basisweite. Abb. 4.61 zeigt diese Daten in anderer Form, bestätigt aber die allgemeine Regel.

Bipolare Bauelemente sind empfindlich gegenüber Leckströmen des Emitter-Basis-Überganges und daher gegenüber ionisierender Bestrahlung. Im Unterschied zur MOS-Technologie ist die Oberflächenkonzentration bei bipolaren Bauelementen jedoch um zwei bis drei Größenordnungen höher. Daraus folgt, daß bipolare Bauelemente strahlenresistenter sind.

Bipolare Bauelemente für Anwendungen bei höheren Spannungen (> 10 V) haben geringere Konzentrationen, und lineare Bauteile (evtl. mit Superbeta-Transistoren, $h_{FE} > 200$) sind dagegen empfindlicher (10^4-10^5 rad(Si)) gegen ionisierende Bestrahlung. Es gibt darüber hinaus zwei Bereiche, wo ionisierende Bestrahlung das Verhalten bipolarer linearer Schaltkreise stark beeinflussen kann: integrierte Hochohm-Widerstände und Oxid-Isolation. Hochohmige diffundierte Widerstände haben geringe Dotierungskonzentrationen und Inversion (p-Typ-Widerstände) oder Akkumulation (n-Typ-Widerstände) können bereits unterhalb 10^4 rad(Si) eine starke Widerstandsänderung zur Folge haben. Ebenso können Leckpfade den effektiven Widerstandswert ändern. Oxid-Isolation führt zu einem parasitären MOS-Transistor und hier kann ebenso Depletion bei < 10^4 rad(Si) auftreten. Gegenmaßnahme: p^+-Diffusion, guard-band.

Bipolarer latch-up ist leicht durch DI verhindert. Eine allgemeine Lösung mit Hilfe schaltungstechnischer und technologischer Änderungen ist dagegen ähnlich schwierig wie bei CMOS. Systemlösungen sind jedoch bekannt: Begrenzung der Verlustleistung und Beobachtung des Versorgungsstroms.

Die SEU-Problematik bei bipolaren Bauelementen ist dagegen sehr ernst. Bipolare Bauelemente sind stromverstärkende Bauteile und Ladungserzeugung infolge kosmischer Teilchen kann daher sogar noch verstärkt werden. Es gibt bisher für dieses Problem nur Systemlösungen (error detection and correction), und wenn hier eine Bauteile-Lösung nicht möglich ist, dann sollte man CMOS verwenden.

ROMs

Jeder Strahlungspuls mit $\dot{D} > 5 \cdot 10^8$ rad(Si)/s wird gespeicherte Ladung in einem RAM zerstören; die Information ist verloren. ROMs sind daher als feste Speicher erforderlich, um das System wieder in Funktion zu bringen, wenn sie entsprechend strahlungshart sind. Andere Möglichkeiten solcher nichtflüchtigen Speicher umfassen Relais, Kondensatoren, magnetische Speicher, wie Draht- oder Kernspeicher, und MNOS-Transistoren. Drahtspeicher werden gegenwärtig in militärischen Systemen benutzt, aufgrund von Volumen, Fläche, Gewicht und Leistungsverbrauch sind jedoch MNOS-Speicher vorzuziehen.

In Abb. 4.62 ist eine MNOS-Speicherzelle zu sehen. Diese Transistorstruktur arbeitet als Speicher, indem durch feldangeregtes Tunneln durch die SiO_2-Schicht und das Einfangen von Ladungen an der Phasengrenze Si_3N_4/SiO_2 eine Schwell-

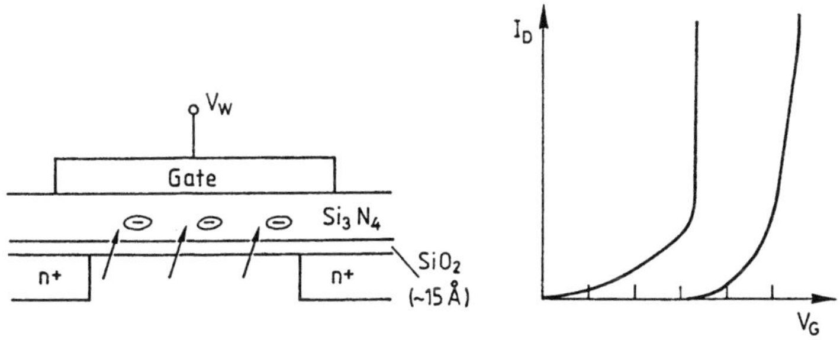

Abb. 4.62: Darstellung und Charakteristik eines MNOS-Speichers (ROM)

spannungsverschiebung dauerhaft erzeut wird. Eine Feldumkehr macht diesen Vorgang rückgängig. Die Größe der Schwellspannungsverschiebung ist eine Funktion der Schreibspannung und -dauer, ebenso spielt die Dicke der SiO_2-Schicht eine Rolle.

Dickere Oxide sind i.a. für EAROM-Anwendungen bevorzugt, wo der Schreibzyklus durchaus 1 ms benötigt, dafür aber Speicherzeiten von 10 Jahren möglich sind (EAROM sind elektrisch veränderbare Read Only Memories).

Die MNOS-Technologie hat eine Erschöpfungsmüdigkeit (nach 10^8 Schreib-Lese-Operationen ist die Speicherdauer geringer). Mit ähnlichen Härtungstechnologien wie bei MOS kann hohe Härte für permanente und transiente Schädigung für 10^7 Schreib-Lese-Operationen erzielt werden.

SEU ist ein geringeres Problem. da nur bei anliegendem Feld Ladungstrennung auftritt und außerdem die SiO_2-Schicht sehr dünn ist.

Vergleich zwischen MNOS und Drahtspeicher (512x6)

	MNOS	Drahtspeicher
Ruheverlustleistung	45 mW	4 W
Verlustleistung	1,6 W	6 W
Volumen	8 cm^3	100 cm^3
Gewicht	25 g	250 g
kommerzielle Verfügbarkeit	ja	nein

JFET-MESFET

JFETs und MESFETs werden ebenfalls in Systemen mit Strahlungsbelastung verwendet: Analog-Schalter, hochohmiger Verstärker und Höchstfrequenz-Verstärker (GHz). Sie haben darüber hinaus einen negativen Temperaturkoeffizienten bei hohen Stromdichten, wodurch thermischer (zweiter) Durchbruch vermieden wird. Wie MOS sind sie Majoritätsträger-Bauelemente und sollten daher relativ unempfindlich gegenüber Verringerung der Minoritätsträger-Lebensdauer sein.

Sie widerstehen daher Neutronenfluenzen $> 10^{14}$ n/cm^2. Abb. 4.63 (JFET, MESFET) zeigt beide Ausführungsformen.

Beide Formen haben Source und Drain, die durch einen Kanal gleicher Polarität verbunden sind. Allgemein arbeiten die Bauelemente im Verarmungs-Mode. (Es

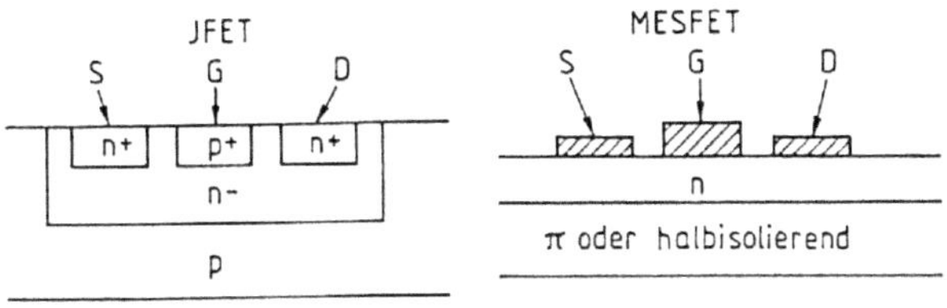

Abb. 4.63: Sperrschicht-Feldeffekt-Transistoren zweier Technologien

gibt zwar auch Anreicherungstypen, hier sind nur geringe Gate-Spannungsänderung möglich). Der Verarmungs-Mode-Betrieb ergibt Restriktionen in bezug auf Schaltungsaufbau und Verlustleistung. Da kein SiO_2-Gate vorhanden ist, ist Ionisationsschädigung gering. Der JFET benutzt üblicherweise Si und benötigt Isolation für Schaltungsanwendungen. Wenn Oxid-Passivierung benutzt wird, kann Ionisationsschädigung jedoch zur Inversion von p-Gebieten führen und damit zu Leckströmen. Abb.4.64 vergleicht konventionelle mit guard-band-Technik.

Zur Härtung können die von MOS bekannten Methoden herangezogen werden: guard-band, C^2L, gehärtetes Oxid. Dann werden 10^7 rad(Si) toleriert. Neutronenhärte ist Funktion der Dotierung des Kanals (10^{14}-10^{15} n/cm^2). Transiente Ionisation wird beim JFET größere Fotoströme erzeugen (größere Fläche und größeres

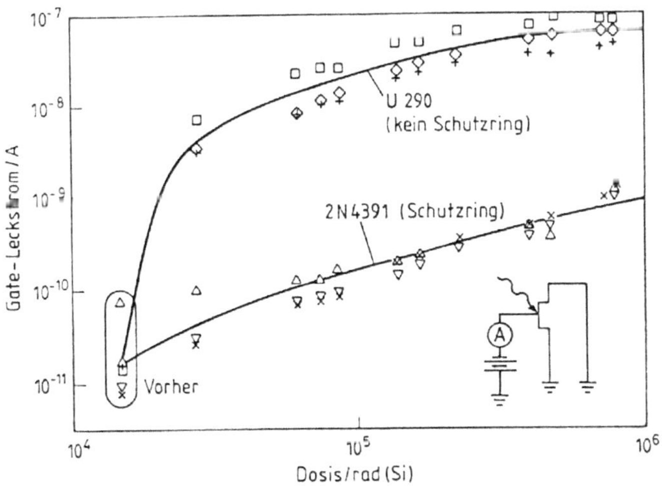

Abb. 4.64: Änderung des Leckstroms über der Dosis für zwei verschiedene Technologien [72]

Volumen). Diese Fotoströme können zum Gate abfließen und die Gate-Spannung ändern (sogar umpolen) d.h. sekundärer Fotostrom (Drain)).

MESFETs benutzen keinen pn-Übergang für die Steuerung, sondern eine Schottky-Sperrschicht. I.a. werden MESFETs nicht aus Silizium, sondern aus GaAs hergestellt. Ein semiisolierendes Substrat wird als hintere Blockierschicht benutzt und hierdurch wird die Gate-Kapazität verringert. Fotoströme sind auch hier ein gewichtiges Problem. GaAs-MESFETs haben ein transientes Verhalten, welches sehr unterschiedlich zu Si-MESFETs ist. Diese Langzeit-Spannungstransienten können Sekunden andauern. Diese Verläufe hängen mit tiefen Zentren zusammen und sind sehr komplex. Doppel- und Vielfach-Donatoren und Akzeptoren sind hierfür zuständig. Dieses Problem kann durch eine zusätzliche Sperre, die die aktive Kanalregion von den getrapten Ladungen abschirmt (Be-Implantation von 400 kV mit $3 \cdot 10^{13}$ Be/cm^2) behoben werden. Abb. 4.65 zeigt die Struktur.

Abb. 4.66 zeigt den Erfolg dieser Technik.

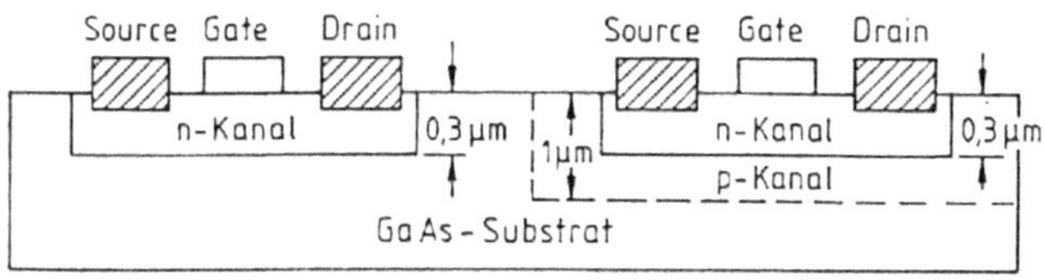

Abb. 4.65: GaAs-MESFET-Strukturen [73]

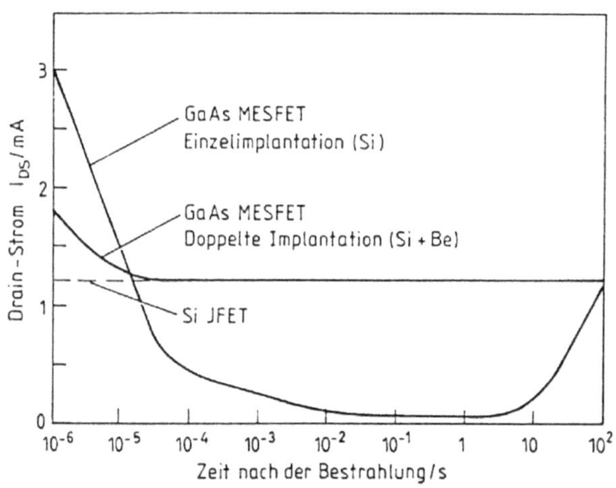

Abb. 4.66: Transientes Verhalten der Strukturen aus Abb. 4.65 [73]

Die SEU-Empfindlichkeit ist vergleichbar mit nicht gehärtetem (für SEU) bulk-CMOS. Die Widerstandskopplung dürfte ebenso effektiv sein.

Dioden

Die Empfindlichkeit von Dioden ist eine starke Funktion der spezifizierten Spannungsbelastbarkeit. Diese bestimmt die Dotierungskonzentrationen von Anode und Kathode. Niedrige Spannungsbelastbarkeit bedeutet Dotierungen von ca. 10^{18} cm^{-3} und damit werden sehr schmale Raumladungszonen erzeugt und eine Inversion unter dem Oxid ist unwahrscheinlich. Hochspannungsdioden sind hierzu entgegengesetzt. Dann ist die wahrscheinlichste Fehlerursache p-type-Inversion. Allgemein werden für Dioden bis 10^6 rad(Si) nur geringe Änderungen zu erwarten sein, für Spannungsreferenzzdioden etwa 1 % Änderung bei 10^6 rad(Si).

Für Neutronenbelastung sind pn-Dioden jedoch empfindlich (τ wird verkleinert, I_{Leak} steigt). Für sehr hochohmige Dioden (Hochspannung) kann die Dotierungskonzentration verringert werden (Bahnwiderstände steigen). Abb. 4.67 zeigt typisches Verhalten, während Abb. 4.68 die Änderung der Zener-Spannung als Funktion der Zeit für unterschiedliche Neutronenfluenzen angibt.

Eine Solarzelle ist ein pn-Übergang, die Wirkungsweise beruht jedoch auf großer Diffusionslänge. Da die Diffusionslänge auch ein Maß für die Minoritätsträger-

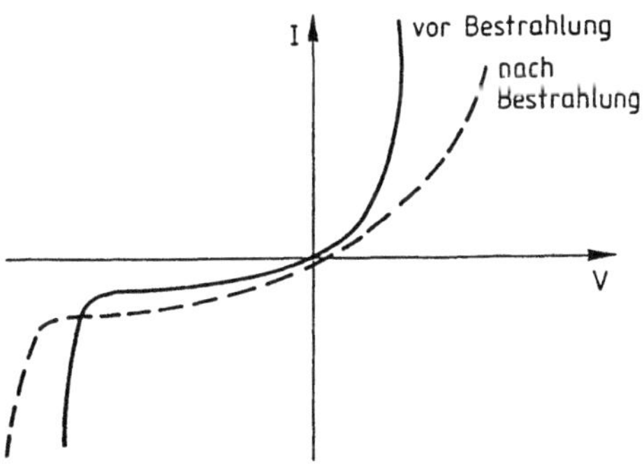

Abb.4.67: Typischer Kennlinienverlauf einer Diode vor und nach Neutronenbestrahlung

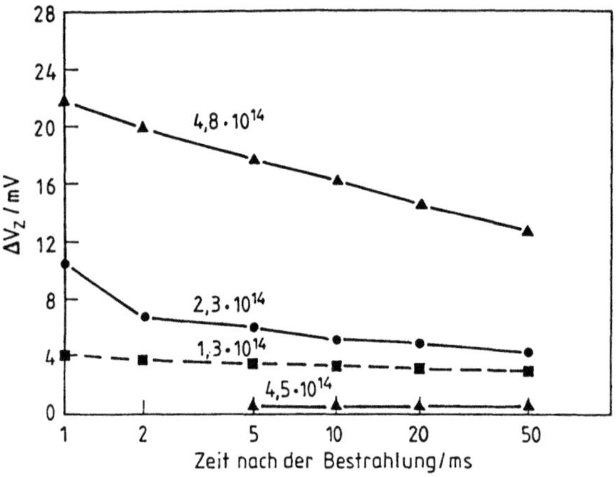

Abb. 4.68: Zeitverhalten der Zenerspannung nach Neutronenbestrahlung

Lebensdauer ist, haben Neutronen einen starken Einfluß auf die Effektivität (roter Bereich) der Solarzelle. Solarzellen aus III-V-Verbindungen sind erheblich resistenter, da die Minoritätsträger-Lebensdauer bereits vor Bestrahlung niedrig ist.

PIN-Dioden sind, bis auf die Erhöhung des Dunkelstromes, hart bis 10^{14} n/cm^2.

Transiente Effekte können im starken Maße auftreten, abhängig von den Eigenschaften (Zenerdioden ↔ Solarzellen) der Dioden. Strombegrenzung sollte beachtet werden, um eine Zerstörung zu verhindern.

Elektrooptische Bauelemente

Hier hat man es mit einer großen Variationsbreite der Anwendung, der Materialien und Technologien zu tun, so daß eine generelle Aussage schwer möglich ist. Diese Bauelemente mit Lichtwellenleitern werden jedoch zunehmend angewendet (Potentialtrennung, Bandbreite und Geschwindigkeit).

LEDs erzeugen Lumineszenz durch einen in Vorwärtsrichtung gepolten Strom. Die benutzten Materialien sind Siliziumkarbid, Galliumphosphid, Aluminium-

Galliumarsenid, Galliumarsenid-Phosphid, Galliumarsenid (auch amphoter dotiert mit Si).

Die Schädigung von LEDs beruht darauf, daß das Verhältnis von Störstellen mit strahlender zu nichtstrahlender Rekombination verkleinert wird. Die allgemeine Lebensdauer kann ausgedrückt werden durch

$$\frac{1}{T} = \frac{1}{T_r} + \frac{1}{T_{NR}}.$$

Unter Strahlungsbelastung degradiert diese Lebensdauer wie

$$\frac{1}{T} = \frac{1}{T_o} + k \cdot \Phi$$

mit T_o = Lebensdauer vor Bestrahlung und
ϕ = Strahlungsfluß.

Üblicherweise wird diese Gleichung in der folgenden Form geschrieben:

$$\frac{T_o}{T} = 1 + T_o \cdot k \cdot D.$$

$T_o \cdot k$-Werte für Galliumphosphid liegen bei $2 \cdot 10^{-8}$ rad^{-1}(GaP) und für Neutronenbelastung bei $5 \cdot 10^{-14}$ cm^2/n.

Laserdioden sind etwa so empfindlich wie LEDs. Bei hohen Stromdichten (10^5 A/cm^2) jedoch ist die Lebensdauer sehr kurz (10^{-11}s), so daß die Laserdiode relativ hart ist. Zur Optimierung sollten Laserdioden mit niedrigem Schwellstrom und einem möglichst hohen erlaubten Betriebsstrom gewählt werden.

Abb. 4.69 zeigt das Verhalten einer GaAs-Laserdiode vor und nach Neutronenbestrahlung.

Photodioden zeigen ein vom Material und Bauelementeparameter beeinflußtes Verhalten. Bauelemente, deren Wirkungsweise auf Silizium-Solarzellen-Technologie beruht, sind sehr empfindlich gegenüber Neutronen.

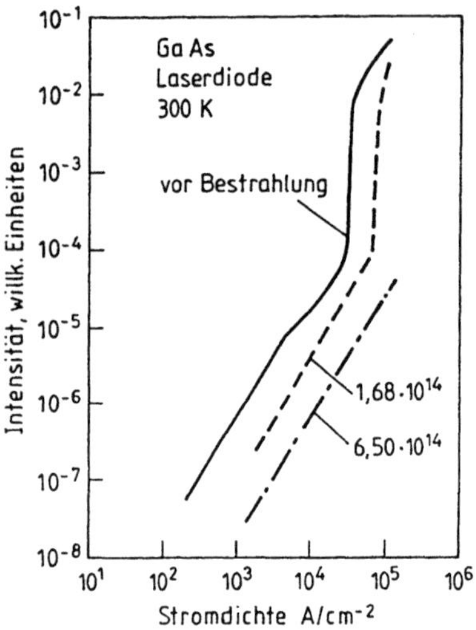

Abb. 4.69: Ausgangscharakeristik einer GaAs-Laserdiode über der Stromdichte vor und nach Neutronenbestrahlung [74]

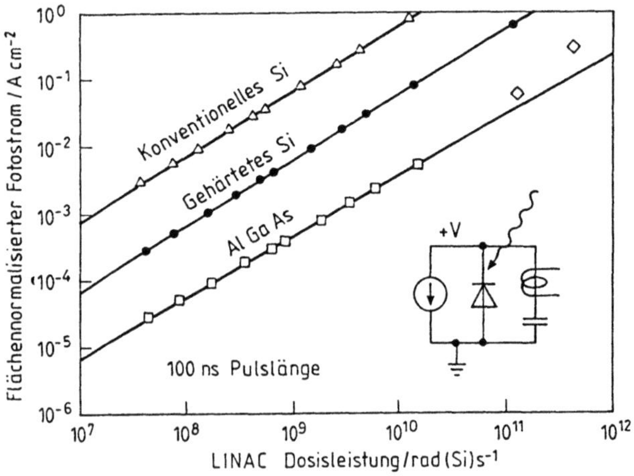

Abb. 4.70: Vergleich von AlGaAs und Si-Fotodioden in Abhängigkeit von der Dosisrate [75]

Doppel-Heterojunction-AlGaAs/GaAs Fotodioden sind gefertigt worden, die auch nach $3{,}6 \cdot 10^{15}$ n/cm^2 nur geringe Änderungen zeigten und eine erheblich bessere Fotostrom-Charakteristik haben (Abb. 4.70).

Als letztes sei auf Lichtwellenleiter hingewiesen, die eine große Empfindlichkeit gegenüber ionisierender Bestrahlung zeigen. Bei 800 nm beträgt die Zusatzdämpfung 8 dB/km für 200 rad(SiO_2) und 50 dB/km für 2000 rad(SiO_2). Härtung erfordert reines Quarzglas.

Strukturverkleinerung

Verkleinerung umfaßt vertikale und horizontale Dimensionen. Dotierungskonzentration steigt mit abnehmender Oxid-Dicke. Für MOS-Bauelemente haben die dünneren Oxide (Gate- und Feld-Oxid) und die erhöhte Oberflächenkonzen-

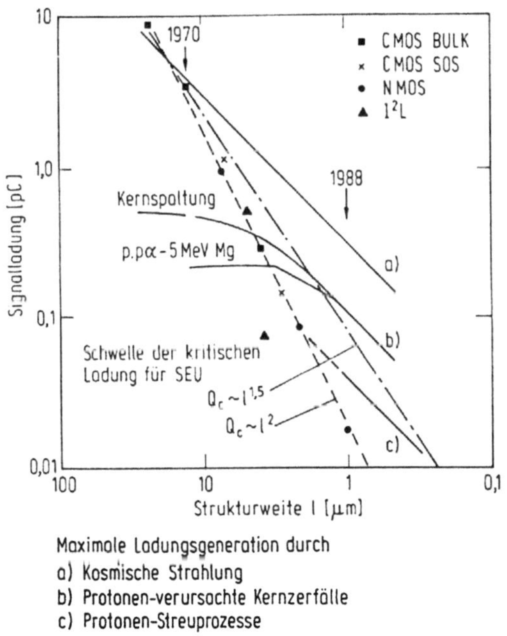

Abb. 4.71: Signalladung von mikroelektronischen Bauteilen in Abhängigkeit von der Strukturweite. Die quadratrische Abhängigkeit zwischen Signalladung und Strukturweite wird bis zur heutigen Technologie eingehalten. Daneben sind Verläufe für die durch einen Ionentreffer erzeugten Ladungen eingezeichnet. Daraus geht hervor, daß die kosmische Strahlung Single-Event-Upsets hervorrufen kann. Daneben sind aber auch Sekundärprozesse hochenergetischer Protonen für Single Event-Upsets verantwortlich. Fehler aus der ionisierenden Wirkung von Protonen sind bisher nicht gefunden worden, werden aber in naher Zukunft auftreten [76].

tration einen dramatischen Anstieg der Strahlungstoleranz gegenüber ionisierender Bestrahlung gebracht (etwa 1 Größenordnung). Transiente Schädigung dagegen ist durch die Verkleinerung angehoben worden (latch up). Dafür ist aber die Technologie in Richtung elektrisch-induzierter latch-up-Verhütung gegangen. Transiente Schädigung wie auch SEU ist angestiegen.

Bipolar-Technologie zeigt ähnliche Tendenzen. Das SEU-Risiko wird größer, ebenso wie die latch-up-Problematik. Technologien zur Vermeidung von SEU bei bipolarer Technik fehlen, für latch-up-Vermeidung sind sie jedoch vorhanden.

Abb. 4.71 gibt den zeitlichen und technologischen Trend für die Schwellen für SEU's an [76].

5 Bestrahlungstests und Schädigungsvorhersage

5.1 Vorbemerkungen

Alle bisherigen Gesichtspunkte der Wirkung von Strahlung auf das Verhalten der Bauelemente deuten darauf hin, daß in der Regel die Lebensdauer der Bauelemente durch gezielte Bestrahlungstests bestimmt werden muß.

Am ehesten kann man für die Verlagerungsschädigung gut abgestützte, allgemein gültige Vorhersagen machen. Jedoch kann jede Änderung des Grundmaterials (Floatzone oder CZ-Silizium) starke Änderungen des Schädigungsverhaltens nach sich ziehen.

Es ist daher allgemein üblicher Brauch, die Bauelemente einem Strahlungstest zu unterziehen. Die Aussagekraft dieser Strahlungstests ist von einer Anzahl von Faktoren abhängig, die im folgenden aufgezählt sind.

- Die am Bauelement auftretende Dosis (d.h. die im Bauelement absorbierte Energie) ist die maßgebliche Größe für Ionisationsschädigung. Diese am Bauelement auftretende Dosis ist sowohl abhängig vom primären Spektrum als auch von der Moderation dieses primären Spektrums durch Abschirmung. Ist das moderierte Spektrum bekannt, so kann es in eine äquivalente Dosis umgerechnet werden. Deren Ionisationsfähigkeit kann dann durch eine beliebige ionisierende Simulationsbestrahlung (z.B. Elektronen, γ-Quanten) aufgebracht werden.

- Die Funktionsänderungen der Bauteile (insbesondere mit dominantem Ionisations-Schädigungsverhalten) ist darüber hinaus eine Funktion der während und nach der Bestrahlung anliegenden Potentiale. Eine worst-case-Beschaltung ist u.U. zu wählen, um das allgemeine Schädigungsverhalten für alle Betriebsfälle zu simulieren, es kann jedoch zu einem Übertesten führen. Eine Beschaltung für einen aktuellen Betriebsfall ist ebenso möglich.

- Da das Schädigungsverhalten eine Funktion der Temperatur und der Zeit ist, sollten hier definierte Testsequenzen bei festen Temperaturen gewählt werden, die eine Aussage auch über Ausheilverhalten gestatten. Dies ist auch wegen des zeitraffenden Charakters dieser Tests wichtig.

- Der elektrische Test ist ebenfalls so durchzuführen, daß hierdurch die Aussage nicht verfälscht wird (Pulsstrombelastung anstelle von DC-Belastung, um thermische Effekte auszuschließen).

- Bauelementetests für Ionisationsschädigung sind vom Aufwand her gesehen einfacher als für die anderen Schädigungstypen (Verlagerung, transiente und lokalisierte Ionisation) i.a. aber nur aussagekräftig für ein Diffusionslos.

Im folgenden sollen übliche Bestrahlungsquellen beschrieben werden, die für Bestrahlungstests in Frage kommen und dann wird auf den Einfluß von Abschirmung eingegangen werden.

5.2 Bestrahlungsquellen

Verlagerungsschädigung

Hierzu werden fast ausschließlich Neutronen verwendet, die in einem Kernreaktor durch Kernspaltung entstehen. Hierbei hat man es mit einem Energiespektrum der Neutronen zu tun, die allgemein bei 1 MeV ein Maximum haben. Das Konzept der Schädigungskonstanten wird hierbei so verwendet, daß

$$(\sum k_\tau \cdot \Phi)_{Labor} = (k_\tau \cdot \Phi)_{1MeV} = (\sum k_\tau \cdot \Phi)_{Spektrum} \tag{5.1}$$

gilt, d.h. das im Reaktor (besser, am benutzten Strahlrohr) vorhandene Neutronenspektrum wird über k_τ in einem 1 MeV-Äquivalenzfluß umgerechnet, der mit dem zu simulierenden Spektrum in seiner Wirksamkeit für Verlagerungsschädigung identisch ist. Die vielfältigen Abhängigkeiten für k_τ müssen dabei berücksichtigt werden.

Hierzu dienen die in Abschnitt 3.2 (Abb. 3.25 und Tabellen 3.2 und 3.3) experimentell ermittelten Daten. Bei Bauelementen, bei denen der Einfluß von Ionisationsschädigung gering ist, kann das gleiche Umrechnungsverfahren auch für Elektronen oder Protonen benutzt werden. Mögliche Aktivierungen des Materials müssen besonders bei Neutronenbestrahlung beachtet werden.

Permanente Ionisation

Da diese Schädigungsart durch die Energieablagerung im Material charakterisiert wird, ist prinzipiell jede ionisierende Strahlenart einsetzbar. Mögliche Verlagungsschädigung sollte jedoch weitgehend ausgeschlossen sein, so daß die am häufigsten angewendeten Strahlenarten γ-Quanten, hochenergetische Elektronen und Röntgen-Strahlung ist. Die Ionisationswirkung in Abhängigkeit von der Energie ist in Abb. 5.1 wiederholt. Hier ist die pro Teilchen oder Quant abgelagerte Energie für ein breites Energieband dargestellt. Die abgelagerte Energie ist - wie bereits abgeleitet - ein direktes Maß der Abbremsung oder Absorption von Teilchen oder Quanten. Daraus ergeben sich einige Unterschiede in den benutzten Strahlenarten.

γ-Strahlung

Durch radioaktive Umwandlung werden γ-Quanten diskreter Energien aus dem angeregten Kern abgegeben. Diese Strahlung ist sehr durchdringend und dementsprechend relativ unabhängig von der Kapselung des Bauteils.

Co-Quelle (Co-60)

Energie der γ-Quanten	:	1,17 MeV
		1,33 MeV
Halbwertszeit	:	5,26 Jahre

Aktivität: 5000 Ci entspricht etwa 100 rad(Si)/s

Cs-Quelle (Cs 137)

Energie der γ-Quanten	:	660 keV
Halbwertszeit	:	30 Jahre

Aktivität: 8000 Ci entspricht etwa 100 rad(Si)/s

Man unterscheidet offene und geschlossene Quellenbauarten. Bei den offenen Quellen wird das Präparat aus einem Schutzbehälter befreit, die Bestrahlung er-

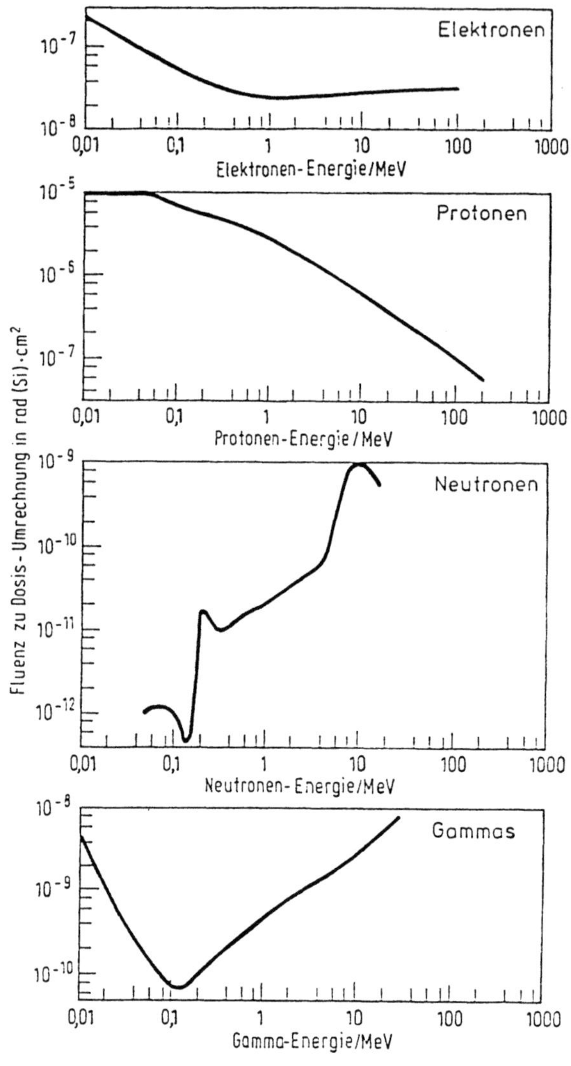

Abb. 5.1: Die Ionisationswirkung verschiedener Strahlenarten auf Silizium in Abhängigkeit von der Energie [12]

folgt in einem abgeschirmten Bestrahlungsraum und die Dosisrate ist über den Abstand variabel. Die geschlossene Quelle ist allseitig durch Abschirmmaterial (Blei) umschlossen, die zu untersuchende Probe wird in diesen abgeschirmten Raum transportiert. Keine Möglichkeit, die Dosisrate zu variieren, dafür problemlose Handhabung.

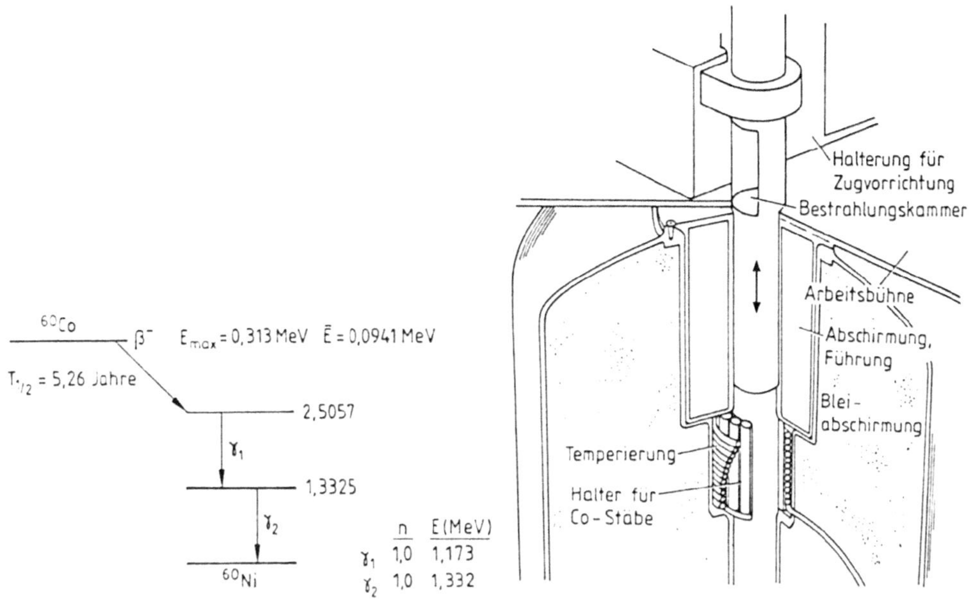

Abb. 5.2: Zerfallsschema von Co-60 und physikalischer Querschnitt durch eine Co-Quelle

Zwischen Aktivität und rad(Si) ist ein fester Umrechnungsfaktor. Abb. 5.2 gibt einen Schnitt durch eine derartige geschlossene Co-Quelle.

Ist eine derartige γ-Quelle einmal geeicht, so kann über die Halbwertszeit immer die aktuelle Dosisrate bestimmt werden.

Elektronenbeschleuniger

Übliche Beschleunigerarten für das Testen auf permanente Ionisation sind Van de Graaf-Beschleuniger und Dynamitron. Übliche Bestrahlungsenergien sind 1 - 3 MeV. Aus Abb. 5.1 geht hervor, wie hoch der Elektronenfluß sein muß, um eine Nominal-Dosis im Material zu absorbieren. Der Energiebereich 1 - 3 MeV ist durch ein Ionisationsminimum ausgezeichnet, welches Einflüsse von dünnen Abschirmmaterialien (nicht zu schwere Kapselung) eliminiert.

Die Dosisrate ist in weiten Bereichen mit Hilfe des einstellbaren Strahlstromes zu variieren. Ebenso ist die Bestrahlungsfläche durch Aufspreizung des Strahlstromes zu verändern.

Der Van de Graaf-Beschleuniger ist ein statisches Gerät, bei dem Ladungen von einer Aufspritzelektrode (Kamm) über ein isolierendes Band, welches umläuft, mechanisch in die Hochspannungselektrode (Kugelkondensator) transportiert werden. Aufgrund der langen Regelwege ist die Einstellung einer konstanten Hochspannung schwierig, kann aber auf besser als 1 ‰ geregelt werden. Diese Hochspannung dient als Beschleunigungspotential (-Strecke) für die aus einer Glühkathode austretenden Elektronen. Diese werden in einem evakuierten Strahlrohr auf ihre Nennenergie beschleunigt und treffen dann, nach Umlenk-

Abb. 5.3: Ansicht eines Elektronenbeschleunigers zur Durchführung von Bestrahlungstests. E_{max} = 2,5 MeV. Wie aus dem Ausschnitt zu ersehen ist, werden die Bauteile auf speziellen Adaptern positioniert, die die Beschaltung und den Betrieb auch während der Bestrahlung ermöglichen. Die runden Öffnungen (Mitte und 4 x außen) sind Faraday-Cups, die zur Dosimetrie und zur Messung der Homogenität des Strahlenfeldes eingesetzt werden.

magnet und Fokussiereinrichtung, durch eine Folie aus dem Vakuum heraus und dann auf die in der Halterung befindlichen Bauteile. Der Fluß wird direkt über Faraday-Cups gemessen. In Abb. 5.3 ist die Bestrahlungseinrichtung dargestellt.

In Abb. 5.3 ist außerdem neben den Faraday-Cups (Master- und Slaveverfahren) die Möglichkeit der Spannungszuführung an die Testobjekte während der Bestrahlung gezeigt.

Röntgen-Röhre

Durch das Abbremsen von Elekronenstrahlen in Materialien mit hoher Dichte wird ein kontinuierliches Bremsstrahlungsspektrum in einem Energiebereich

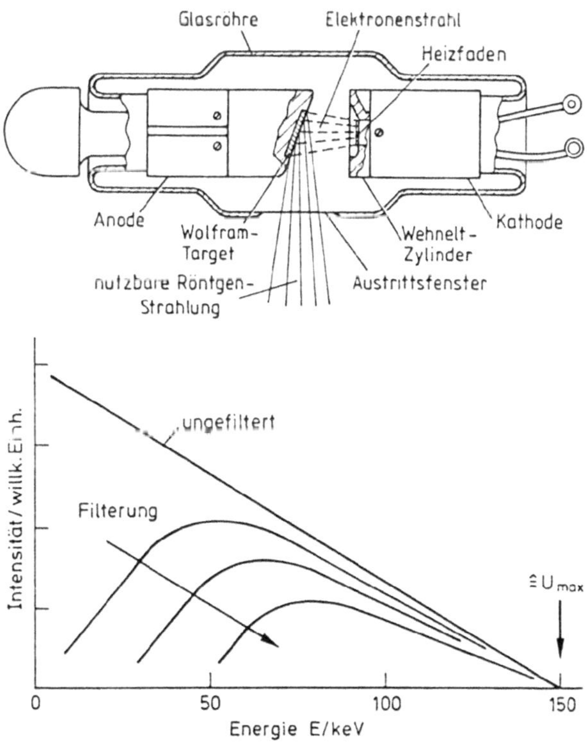

Abb. 5.4: Aufbau und Spektrum einer Röntgenröhre

erzeugt, der nach oben von der maximalen Energie der Elektronen begrenzt ist, nach unten durch die Filterung des Targets oder von Austrittsfenstern.

Die Röntgenröhre ist ein sehr bequemes Instrument für Bestrahlungstests, ihr prinzipieller Nachteil ist jedoch diese energetische Verteilung der Photonen und die damit stark energieabhängige Absorption (Fotoeffekt).

Aufbau und Spektrum sind schematisch in Abb. 5.4 dargestellt.

Transiente Ionisation

Die erforderlichen hohen Dosisraten von 10^9 rad(Si)/s bis 10^{12} rad(Si)/s für die Untersuchung der transienten Ionisation sind nur für sehr kurze Zeiten zu erreichen. Benutzt werden Röntgen-Puls-Geräte und Linear-Beschleuniger.

Beim ersteren werden hohe Elektronen-Pulsströme aus Kondensator-Entladungen auf Targets beschleunigt und kurze sehr intensive Röntgen-Blitze erzeugt. Beim Linear-Beschleuniger (LINAC) wird ein Elektronenpaket hoher Dichte in großen Wanderfeldröhren in einer Wellenfront transportiert.

Beide Verfahren sind ausschließlich für Militäranwendungen gedacht.

Single Event Upsets (SEU)

Hier werden die Ionen entweder über Umladungsvorgänge (Stripping) in einem Tandem-Beschleuniger oder einer mehrfachen Beschleunigung in einem Zyklotron auf eine hohe Energie gebracht.

In Abb. 5.5 ist am Beispiel von VICKSI eine derartige Beschleuniger-Kombination dargestellt.

In Abb. 5.6 sind Arten, erreichbare Energien und LETin diesem Beschleuniger aufgestellt.

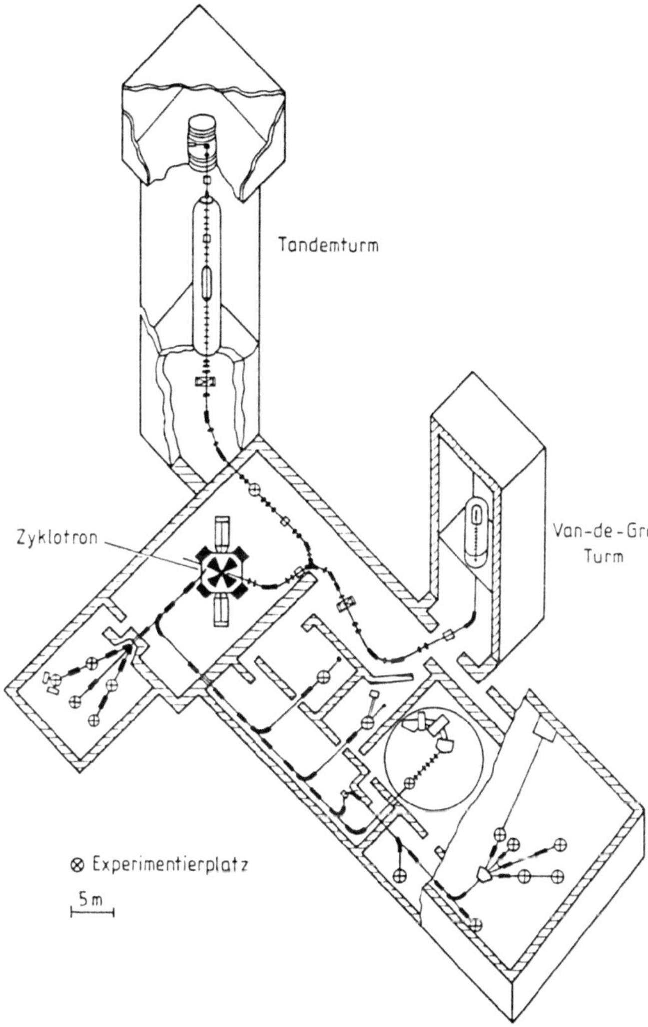

Abb. 5.5. Schwerionen-Beschleunigerkombination VICKSI (Hahn-Meitner-Institut Berlin GmbH)

LET MeV· $cm^2 \cdot g^{-1}$	Ladungs-gen $pC \cdot \mu m^{-1}$	Reich-weite µm	Ion	Energie MeV	Quelle im HMI
		28	α-Teilchen	5,48	Americium-241
		55	α-Teilchen	max.8,79	Thorium
300	0,003	142	Helium-4	15	-
1000	0,010	130	Kohlenstoff-12	133	VICKSI
2900	0,030	112	Sauerstoff-16	108	VICKSI
4800	0,045	36	Sauerstoff-16	48	VICKSI
14700	0,152		Argon-40	160	VICKSI
16500	0,170	170	Argon-40	93	VICKSI
23000	0,237		Eisen-56	290	-
28000	0,289		Eisen-56	100	VICKSI
35000	0,361	23	Krypton-84	150	-
40000	0,413		Krypton-84	60	-
42500	0,439		α/Spaltprodukte	≈6/≈100	Californium-252
45000	0,464		Xenon-129	80	

Abb. 5.6: LET-Werte, generierte Ladung und Reichweite ausgewählter Ionensorten

5.3 Abschirmung

Die Ergebnisse eines Bestrahlungstests können anzeigen, daß die Verwendung eines bestimmten Bauteiles für eine bestimmte Mission eingeschränkt ist. Der Anwender muß dann entscheiden, ob gegebenenfalls eine Änderung der Schaltung notwendig wird. Im allgemeinen wird diese Lösung nur zwingend, wenn durch zusätzliche Abschirmmaßnahme die Funktionsweise weiterhin gefährdet ist, oder aber zusätzliche Abschirmung die zulässigen Gewichtsanforderungen übersteigt. Möglicherweise kann schon eine Standortveränderung der gefährdeten Elektronik innerhalb des Satelliten in einen besser abgeschirmten Bereich die Lösung darstellen. Auch eine Spot-Abschirmung, die nur das gefährdete Bauteil umschließt, kann hier großen Gewinn bringen.

Voraussetzung hierfür ist jedoch, die Moderation des primären Spektrums durch abschirmende Materialien exakt zu berechnen. Diese Berechnung ist nur über aufwendige Computer-Programme möglich, die im dreidimensionalen Raum das omnidirektionale Primärspektrum berücksichtigt (Shieldose-Program z.B.).

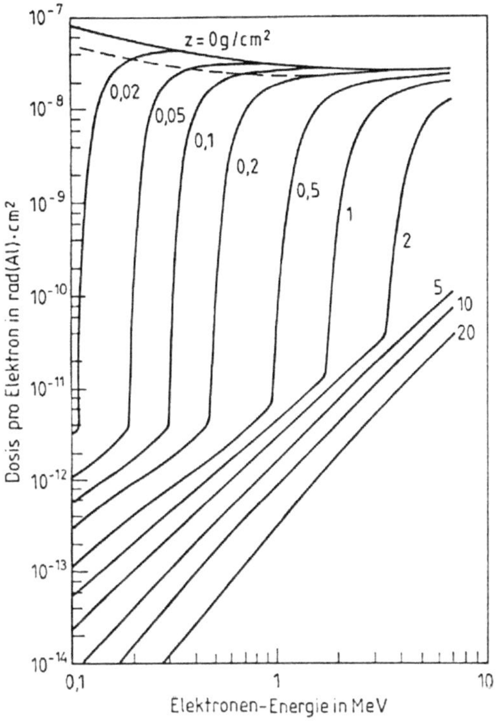

Abb. 5.7: Abschirmungswirkung von Aluminium unterschiedlicher Dicke für Elektronen unterschiedlicher Energie [77]

Für Elektronen ist diese Berechnung speziell kompliziert, da eine einfache Reichweiten-Berechnung aufgrund der starken Streuprozesse nicht möglich ist und außerdem die durchdringende Bremsstrahlung zu berücksichtigen ist.

Diese letzte Strahlungskomponente begrenzt letztlich die praktische Realisierung von vertretbaren Abschirmdicken und -Materialien.

In Abb. 5.7 ist ein solches Rechenbeispiel gezeigt.

Hier ist in Abhängigkeit von der Energie des Elektrons die absorbierte Dosis hinter einer Abschirmdicke z(g/cm^2) angegeben. Deutlich wird für höhere Energien der Einfluß der Bremsstrahlungserzeugung. Das Absorbermaterial ist hier Aluminium (2,7 g/cm^3).

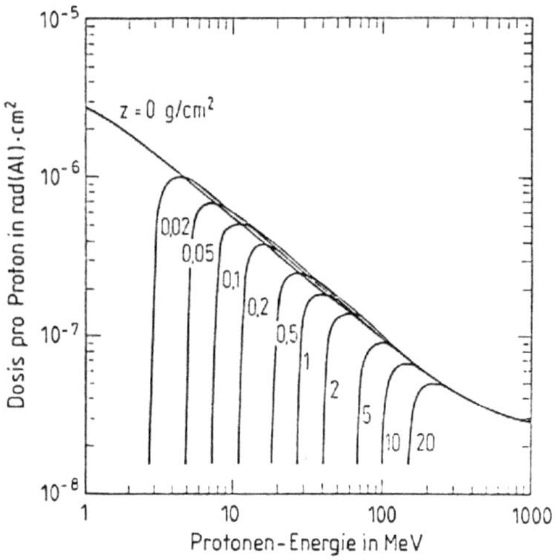

Abb. 5.8: Abschirmungswirkung von Aluminium unterschiedlicher Dicke für Protonen unterschiedlicher Energie [77]

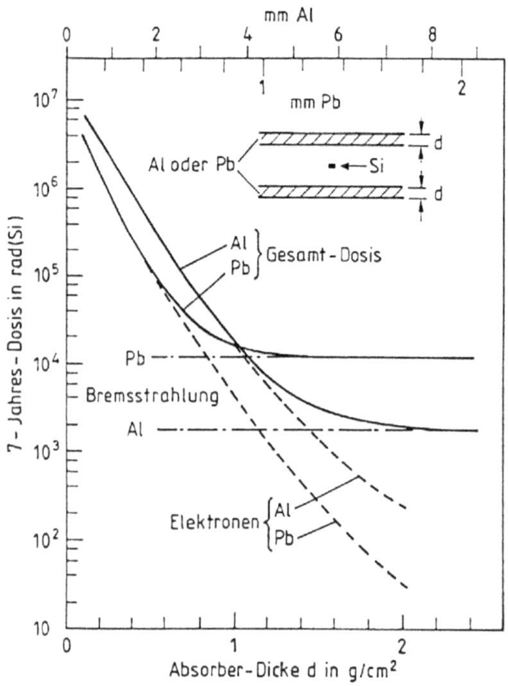

Abb. 5.9: Abschirmwirkung geschichteter Materialien. Man versucht, die Strahlung zunächst durch Materialien geringerer Dichte abzubremsen und dann mit Materialien höherer Dichte abzuschirmen [78].

In Abb. 5.8 ist dieser Sachverhalt für Protonen dargestellt.

Eine Optimierung von Absorbern ist möglich, wenn man eine Schichtung unterschiedlich dichter Materialien vornimmt. Abb. 5.9 zeigt den zugrundeliegenden Effekt.

Für ein primäres Spektrum kann man daher die am Bauteil auftretende Strahlungsbelastung in Abhängigkeit der Abschirmdicke als Dosis-Tiefenkurve angeben (Abb. 5.10).

Diese Dosis-Tiefen-Kurve gestattet dem Ingenieur, Entwurf und Unterbringung der elektronischen Schaltung zu optimieren.

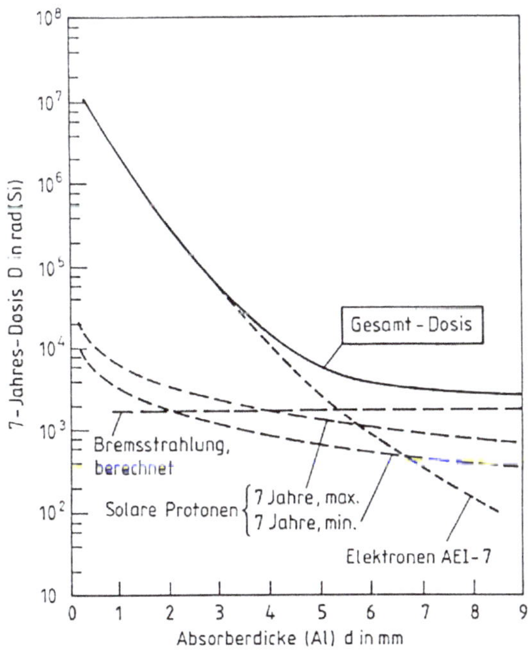

Abb. 5.10: Dosis-Tiefen-Kurven für den geostationären Orbit. Akkumulierte Sieben-Jahres-Dosis in Silizium als Funktion der Aluminiumdicke [78]

5.4 Bestimmung der Funktionssicherheit

Ein aussagefähiger Test-Report gibt die wesentlichen Angaben, die für den Einsatz eines Bauteiles, für den Vergleich mit anderen Bauteilen und für die Reproduzierbarkeit des Tests notwendig sind:

Testseite :	Dosis-Stufung und Dosisrate Beschaltung während der Bestrahlung Bestrahlungsquelle Losgröße / Referenzbauteil Parameter, die untersucht werden. Sequenz der Parameter-Tests. Parameter, die während der Bestrahlung gemessen werden. Fehlergrenzen Bemerkungen
Bauteilseite :	Bauteil-Typ Funktion Datecode Sockel-Typ Anschlußanzahl Hersteller Spezifikation für Hirel-Typen Abnahmegrenzwerte

Die diesen Tests zugrundeliegendenden Gesichtspunkte sind in [79] nachzulesen.

6 Literatur

[1] J.H. Wolfe, Jupiter, pp. 119, J.A. van Allen, Interplanetary Particles and Fields, pp. 161, Scientific American (Sept. 1975).

[2] G.W. Singley und J.I. Vette, The AE-4 Model of the Outer Radiation Zone Environment, NSSDC 72-06, NASA Goddard SFC (August 1972).

M.J. Teage und J.I. Vette, A Model of the Trapped Electron Population for Solar Minimum, NSSDC 74-03, NASA Goddard SFC (April 1974).

M.J. Teage, K.W. Chan und J.I. Vette, A Model Environment of Trapped Electrons for Solar Maximum, NSSDC/WDC-A- R&S 76-04, NASA Goddard SFC (May 1976).

D.M. Sawyer und J.I. Vette, AP-8 Trapped Proton Environment for Solar Maximum and Solar Minimum, NSSDC/WDC-A-R&S 76-06 (Dez. 1976).

[3] J.H. Adams Jr., R. Silberberg und C.H. Tsao, Cosmic Ray Effects on Microelectronics, Part I: The Near-Earth Particle Environment, NRL-Memorandum Report 4506 (1981).

[4] D. Bräunig, Elektronik unter Beschuß: Wie hochenergetische Strahlung Halbleiter-Bauelementen zusetzt, Berichte aus dem HMI, 1, 3 (1988).

[5] R.D. Evans, The Atomic Nucleus, Mc Graw-Hill, New York (1965).

[6] C.M. Davisson und R.D. Evans, Gamma-Ray Absorption Coefficients, Rev. Mod. Phys. 24 (1952) 79.

[7] R.G. Jaeger und W. Hübner (Hrsg.), Dosimetrie und Strahlenschutz, Stuttgart: Thieme 1974.

[8] M.J. Berger und J.M. Seltzer, Additional Stopping Power, NASA SP-3036 (1966).

[9] A. Cole, Absorption of 20 eV to 50 000 eV Electron Beams in Air and Plastic, Rad. Res. 38 (1969) 7.

E.J. Kobetich und R. Katz, Energy Disposition by Electron Beams and δ Rays, Phys. Rev. 170 (1968) 391.

[10] J.F. Ziegler, Handbook of Stopping Cross Sections for Energetic Ions in All Elements, Pergamon Press, New York (1980).

[11] H. Bethe und J. Ashkin, Experimental Nuclear Phys, Bd. 1, ed. E. Segré, Wiley, New York (1953).

H. Bichsel, Radiation Dosimetry, Bd. 1, ed. F.H. Attig, W.C. Roesch, Academic Press, New York (1968).

[12] D. Bräunig, W. Fahrner, W. Gaebler und F. Wulf, Workshop: "Strahleneffekte an elektronischen Bauteilen", HMI Berlin (Mai 1980).

[13] G.D. Watkins, Radiation Damage in Semiconductors, Academic Press, New York (1965).
G.D. Watkins, Radiation Effects in Semiconducting Components, Toulouse, März 1967, J. Phys. Soc. Japan 18, Suppl. II, 22 (1963).

[14] L. Miller, D.V. Lang und L.C. Kimerling, Capacitance Transient Spectroscopy, Rev. Mater. Sci., 377 (1977).

[15] G.D. Watkins und J.R. Troxell, Negative Properties for Point Defects in Silicon, Phys. Rev. Lett. 44 (1980) 593.

[16] J.R. Srour, Short Term Annealing in Electron-Irradiated p-Type Silicon, IEEE-Trans. Nucl. Sci. 17 (Dec 1970) 118.
Comment on " Short Term Annealing of 30 MeV Electron Damage in High Purity n-Type Silicon, IEEE-Trans. Nucl. Sci. 19 (Feb. 1972) 897.

[17] B.L. Gregory und H.H. Sander, Transient Annealing of Defects in Irradiated Silicon Devices, Proc. IEEE 58 (1970) 1328.

[18] G.D. Watkins, Radiation Damage in Semiconductors, Academic Press, New York (1964).

[19] O.L. Curtis Jr., J.R. Srour und R.B. Rand, Recombination Studies on Gamma-Irradiated n-Type Silicon, J. Appl. Phys. 43 (1972) 4638.

[20] O.L. Curtis, Explanation for the Discrepancy in Recombination Level Positions in Irradiated n-Type Ge/Reported by Various Observers, J. Appl. Phys. 30 (1965) 2094.

[21] G.C. Messenger,A Two Level Model for Lifetime Reduction Processes in Neutron-Irradiated Silicon and Germanium, IEEE Trans. Nucl. Sci. NS-14 (1967) 88.

[22] V.A.J. van Lint, T.M. Flanagan, R.E. Leadon, J.A. Naber und V.C. Rodgers, Mechanisms of Radiation Effects in Electronic Materials, Vol. 1, John Wiley, New York, 1980.

[23] B.R. Gossick, Disordered Regions in Semiconductors Bombarded by Fast Neutrons, J. Appl. Phys. 30 (1959) 1214.

[24] J.R. Srour und O.L. Curtis Jr., Short Term Annealing in Silicon Devices Following Pulsed 14 MeV Neutron Irradiation, IEEE Trans. Nucl. Sci. 19 (Dec. 1972) 362.

[25] J.R. Srour, Stable Damage Comparisons for Neutron Irradiated Silicon, IEEE Trans. Nucl. Sci. 20 (Dec. 1973) 190.

[26] J.J. Loferski und P. Rappaport, Radiation Damage in Ge and Si Detected by Carrier Lifetime Changes: Damage Thresholds, Phys. Rev. 111 (1958) 432.

[27] H.J. Stein und F.L. Vook, Radiation Defects in Semiconductors, ed. F.L. Vook, Plenum Press, New York, 115 (1968).

[28] B.L. Gregory, Minority Carrier Recombination in Neutron Irradiated Silicon, IEEE Trans. Nucl. Sci 16 (Dec. 1969) 53.

[29] V.A.J. van Lint, G. Gigas und J. Barengoltz, Correlation of Displacement Effects Produced by Electrons, Protons and Neutrons in Silicon, IEEE Trans. Nucl. Sci. 22 (1975) 2663.

[30] W. Shockley, Electrons and Holes in Semiconductors, D. Van Nostrand, Princeton, N.J. (1950).

[31] V.S. Vavilov, Effects of Radiation on Semiconductors, Consultant Bureau, New York (1965).

[32] J.L. Wirth und S.C. Rogers, The Transient Response of Transistors and Diodes to Ionizing Radiation, IEEE Trans. Nucl. Sci. 11 (Nov. 1964) 24.

[33] T.R. Oldham und J.M. McGarrity, Ionization of SiO_2 by Heavy Charged Particles, IEEE Trans. Nucl. Sci. 28 (Dec. 1981) 3975.

[34] R. Freeman und A. Holmes-Siedle, A Simple Model for Predicting Radiation Effects in MOS Devices, IEEE Trans. Nucl. Sci. 25 (1978) 1216.

[35] R. J. Powell und G.F. Derbenwick, Vacuum Ultraviolet Radiation Effects in SiO_2, IEEE-NS-18 (6) (Dec. 1971) 99-105.

[36] M. Knoll, D. Bräunig und W.R. Fahrner, Generation of Oxide Charge and Interface States by Ionizing Radiation and by Tunnel Injection Experiments, IEEE Trans. Nucl. Sci., NS-29 (6) (Dec. 1982) 1471-1478.

[37] J.R. Srour und K.Y.Chin, MOS Hardening Approaches for Low Temperature Applications, IEEE Trans. Nucl. Sci. 24 (1977) 2140.

[38] M. Knoll, Dissertation, Generation von Oxidladungen und Phasengrenzzuständen im MOS-System durch Tunnelinjektion und ionisierende Bestrahlung,TU Berlin, FB 19 (1983).

[39] P.S. Winokur, J.M. McGarrity und H.E. Boesch Jr., Dependance of Interface-State Buildup on Hole Generation and Transport, IEEE Trans. Nucl. Sci. NS-23 (1976) 1580.

[40] F.B. McLean, H.E. Boesch Jr. und J.M. McGarrity, Proc. Intl. Conf.: Physics of SiO_2 and its Interfaces, Pergamon Press, New York 19 (1978).

[41] C.T. Sah, Origin of Interface States and Oxide Charge Generated by Ionizing Radiations, IEEE Trans. Nucl. Sci. NS-23(6) (1976) 1563.

[42] A.G. Revesz, Chemical and Structural Aspects of the Irradiation Behaviour of SiO_2 Films on Silicon, IEEE Trans. Nucl. Sci. NS-24, (1977) 2102.

[43] P.M. Lanahan und P.V. Dressendorfer, An Electron Spin Resonance Study of Radiation-Induced Electrically Active Paramagnetic Centers at the SiO_2/Si Interface, J. Appl. Phys. 54 (1983) 1457.

[44] K.O. Jeppson und C.M. Svensson, Negative Bias Stress of MOS Devices at High Electric Fields and Degradation of NMOS Devices, J. Appl. Phys. 48, 5 (1977) 2004.

[45] D.L. Griscom, Diffusion of Radiolytic Molecular Hydrogen as a Mechanism for the Portirradiation Build Up of Interface States in SiO_2- on Si Structures, J. Appl. Phys. 58, 7 (1985) 2524.

[46] A.S. Grove, Physics and Technology of Semiconductor Devices, John Wiley & Sons, New York (1967).

[47] R. Bäuerlein, Strahlenschäden in Halbleitern und Halbleiter-Bauelementen, in Festkörperprobleme VIII, ed. O. Madelung, Vieweg, Pergamon Press (1968).

[48] R.R. Brown, Proton and Electron Permanent Damage in Silicon Semiconductor Devices, Boeing Report, D2-90570 (1964).

[49] A.G. Stanley, K.E. Martin und S. Douglas, Radiation Design Criteria Handbook, Technical Memorandum 33-763, Jet Propulsion Laboratory, Pasadena, California (Aug. 1976).

[50] S.C. Sun und J.D. Plummer, Electron Mobility in Inversion and Accumulation Layers on Thermally Oxidized Silicon Surfaces, IEEE Trans. ED-27 (1980) 1497.

[51] K.F. Galloway, M. Gaitan und T.J. Russel, A Simple Model for Seperating Interface and Oxide Charge Effects in MOS Device Characteristics, IEEE Trans. Nucl. Sci. NS-31 (Dec. 1984) 1497.

[52] D. Bräunig, Strahlenschäden in Halbleiterbauelementen, VDI Bildungswerk "Beschleunigertechnik", Berlin (1982).

[53] P.S. Winokur, J.R. Schwank, P.J. Mc Worther, P.V. Dressendorfer und D.C. Turpin, Correlating The Radiation Response of MOS Capacitors and Transistors, IEEE Trans. Nucl. Sci. 31 (1984) 1453.

[54] C.L. Wilson und J.L. Blue, Two-Dimensional Modeling of N-Channel MOSFETs Including Radiation-Induced Interface and Oxide Charge, IEEE Trans. Nucl. Sci. NS-31 (1984) 1448.

[55] J.R. Schwank, P.S. Winokur, P.J. Mc Worther, F.W. Sexton, P.V. Dressendorfer und D.C. Turpin, Physical Mechanisms Contributing to Device "Rebound", IEEE Trans. Nucl. Sci. NS-31 (1984) 1434.

[56] D. M. Long, Hardness of MOS and Bipolar Integrated Circuits, IEEE-NS-27 (6) (Dec. 1981) 1674-1679.

[57] G.C. Messenger und M.S. Ash, The Effects of Radiation of Electronic Systems, Van Nostrand Reinhold Company, New York (1986).

[58] M. Schlenther, D. Bräunig, M. Gärtner und F. Gliem, "In Situ" Radiation Tolerance Tests of MOS RAMs", IEEE Trans. Nucl. Sci. NS-25 (6) (Dec. 1978) 1209.

[59] E.L. Petersen, Tutorial Short Course, Basic Concepts on Single Event Upsets, IEEE Nucl. and Space Radiation Effects Conference, (July 1983), Gatlinburg/Tennessee.

[60] J.H. Adams Jr., The Natural Radiation Environment Inside Spacecraft, IEEE Trans. Nucl. Sci. 29 (1982) 2095.
The Variability of Single Event Upsets Rates in the Natural Environment, IEEE Trans. Nucl. Sci. 30 (1983) 4475.

[61] E.L. Petersen, P. Shapiro, J.H. Adams und E.A. Burke, Calculation of Cosmic-Ray Induced Soft Upsets and Scaling in VLSI Devices, IEEE Trans. Nucl. Sci. 29 (1982) 2055.

[62] J.C. Pickel, Tutorial Short Course, Single Event Upset Mechanisms and Predictions, IEEE Nucl. and Space Radiation Effects Conference, (July 1983), Gatlinburg/Tennessee.

[63] P.V. Dressendorfer,J.M. Soden, J.J. Harrington und T.V. Nordstrom, The Effects of Test Conditions on MOS Radiation-Hardness Results, IEEE Trans. Nucl. Sci. 28 (1981) 4281.

[64] T. D. Stanley, D. Neamen, P. Dressendorfer, J. Schwank, P. Winckert, M. Ackermann, K. Jungling, C. Hawkins und W. Graunemann, The Effect of Operating Frequency in the Radiation Induced Buildup of Trapped Holes and Interface States in MOS Devices, IEEE-Trans. Nucl. Sci. NS-32 (1985) 3982.

[65] D.R. Schwank und W.R. Dawes Jr., Irradiation Silicon Gate MOS Device Bias Annealing, IEEE Trans. Nucl. Sci. 30 (1983) 4100.

[66] G.F. Derbenwick und B.L. Gregory, Design Optimization of Radiation-Hardened CMOS Integrated Circuits, IEEE Trans. Nucl. Sci. 22 (1975) 2208.

[67] W.R. Dawes Jr., Tutorial Short Course, Radiation Effects Hardening Techniques, IEEE Nucl. and Space Radiation Effects Conference, Monterey/California (July 1985).

[68] J.R. Adams, W.R. Dawes Jr. und T.S. Sanders, A Radiation Hardened Field Oxide, IEEE Trans. Nucl. Sci. 24 (1977) 2099.

[69] W.S. Kim, T.M. Mnich, W.T. Corbett, R.K. Treece, A.E. Giddings und J.L. Jorgensen, Radiation-Hard Design Principles Utilized in CMOS 8085 Microprocessor Family, IEEE Trans. Nucl. Sci. 30 (1983) 4229.

[70] B.L. Gingerich, J.M. Hermsen, J.C. Lee und J.E. Schroeder, Total Dose and Dose Rate Radiation Characterization of Epi-CMOS Radiation Hardened Memory and Microprocessor Devices, IEEE Trans. Nucl. Sci. 31 (1984) 1332.

[71] L.W.Massengill und S.E. Diehl-Nagle, Transient Radiation Upset Simulations of CMOS Memory Circuits, IEEE Trans. Nucl. Sci. 31 (1984). 1337

[72] D.J. Allen, F.N. Coppage, G.L. Hash, D.K. Holek und T.F. Wrobel, Gamma-Induced Leakage in Junction Field-Effect Transistors, IEEE Trans. Nucl. Sci. 31 (1984) 1487.

[73] T. Itoh und M. Yanai, Stability of Performance and Interfacial Problems in GaAs MESFET's, IEEE Trans. ED, 27 (1980) 1037.

[74] C.E. Barnes, Increased Radiation Hardness of GaAs Laser Diodes at High Current, Densities, Journal of Appl. Phys. 45 (1974) 3485.

[75] J.J. Wiczer, T.A. Fischer, L.R. Dawson, G.C. Osbourn, T.E. Zipperian und C.E. Barnes, Pulsed Irradiation of Optimized, MBE Grown, AlGaAs/GaAs Radiation Hardened Photodiodes, IEEE Trans. Nucl. Sci. 31 (1984) 1477.

[76] D. Bräunig, Gamma-Dosis-Effekte in Halbleiterschaltungen, Carl Cranz-Gesellschaft, Kursus B8.03, Weil/Rhein (Mai 1986).

[77] S. Seltzer, Electron, Electron-Bremsstrahlung and Proton Depth-Dose Data for SpaceShielding Applications, IEEE-NS-26 (6) (Dec. 1979) 4896-4904.

S. Seltzer, Shieldose: A Computer Code for Space Shielding Radiation Dose Calculations, NBS Tech. Note 1116, US Dep. of Commerce (May 1980).

[78] A. Holmes-Siedle und Roger Freeman, Radiation Effects Engineering Handbook, Final Report, ESA Contract 2871/76/NL/HP (April 1978).

[79] D. Bräunig, F. Wulf, W. Gaebler und A. Boden, Richtliniezur Prüfung der Strahlungsfestigkeit elektronischer Bauteile, DFVLR TN 53/10, HMI-Nr. B 380 (1982).

[80] D. Bräunig, W. Gaebler, W.R. Fahrner und H.G. Wagemann, GfW Handbuch für Datensammlung strahlungsgetesteter elektronischer Bauteile, TN 53/08, HMI B 248 (Nov. 1977), (inzwischen auf 6 Bände erweitert).

Grundlegende weitergehende Literatur

Halbleiter- und Festkörper-Physik

S.M. Sze, Physics of Semiconductor Devices, Wiley & Sons, New York, 2nd Edition (1981).

A.S. Grove, Physics and Technology of Semiconductor Devices, Wiley & Sons, New York (1967).

S.M.Sze, VLSI Technology, Mc Graw Hill Book Company, Singapore (1983).

Instabilities in Silicon Devices, ed. G. Barbottin und A. Vapaille, North Holland, Amsterdam, Vol. 1 (1986), Vol. 2 (1988).

C. Kittel, Einführung in die Festkörperphysik, Oldenburg Verlag, 6. Auflage, München (1986).

R. Paul, Transistoren und Thyristoren, Dr. Alfred Hüthig Verlag, Heidelberg (1977).

Bestrahlungseffekte

G. Messenger und M.S. Ash, The Effects of Radiation on Electronic Systems, Van Nostrand Reinhold Company, New York (1986).

V.A.J. van Lint, T.M. Flanagan, R.E. Leadon, J.A. Naber und V.C. Rodgers, Mechanisms of Radiation Effects in Electronic Materials, Wiley & Sons, Vol. 1, New York (1980).

N.J.Rudie, Principles and Techniques of Radiation Hardening, Western Periodicals Company, California, 2nd Edition (1980), 3 Bände.

IEEE-Trans. Nucl. Sci. (Dez.-Ausgaben)

V.S. Vavilov, Effects of Radiation of Semiconductors, Consultants Bureau, New York (1965).

L.W. Ricketts, Fundamentals of Nuclear Hardening of Electronic Equipment, Wiley & Sons, New York (1972).

T.P. Ma und P.V. Dressendorfer, Ionizing Radiation Effects in MOS Devices and Circuits, Wiley & Sons, New York (1988).

J.R. Srour, Basic Mechanisms of Radiation Effects on Electronic Materials, Devices and Integrated Circuits, IEEE NSREC Short Course, Gatlinburg TN (July 1983).

J.W. Corbett, Electron Radiation Damage in Semiconductors and Metals, Academic Press, New York (1966).

Kern- und Teilchen-Physik

R.D. Evans, The Atomic Nucleus, Mc Graw Hill, New York (1955).

E. Ségré, Nuclei and Particles, W.A. Benjamin, New York (1965).

7 Sachverzeichnis

GPSR Compliance

The European Union's (EU) General Product Safety Regulation (GPSR) is a set of rules that requires consumer products to be safe and our obligations to ensure this.

If you have any concerns about our products, you can contact us on ProductSafety@springernature.com

In case Publisher is established outside the EU, the EU authorized representative is:

Springer Nature Customer Service Center GmbH
Europaplatz 3
69115 Heidelberg, Germany

Batch number: 10683525

Printed by Printforce, the Netherlands